全国高职高专教育"十一五"规划教材
教育部高等学校高职高专服装纺织类专业
教学指导委员会推荐教材

服装画技法
Fuzhuanghua Jifa

王东辉　主编
魏秋菊　谢秀红　副主编

高等教育出版社·北京
HIGHER EDUCATION PRESS　BEIJING

内容提要

本书是全国高职高专教育"十一五"规划教材,也是教育部高等学校高职高专服装纺织类专业教学指导委员会推荐教材。

本书为适应我国纺织服装行业需求和高等职业教育教学改革而编写。全书共五章,包括服装画与人体结构、服装画的基本表现、服装款式图表现、服装画的整体表现和优秀作品赏析。本书注重实践,从绘制服装画所需要的技能出发,对不同类型的服装所需要的绘画方法进行了讲解,其中包含了大量的图例和绘制步骤,能帮助读者在较短的时间内掌握服装效果图、服装款式图的表现要领,对初学者和从事设计工作的人员有很好的指导意义。

本书可作为服装专业培养高等应用型、技能型人才的教学用书,也可作为社会从业人士的业务参考书及培训用书。

图书在版编目(CIP)数据

服装画技法 / 王东辉主编. —北京:高等教育出版社,2010.5(2015.1重印)

ISBN 978-7-04-029247-3

Ⅰ.①服… Ⅱ.①王… Ⅲ.①服装—绘画—技法(美术)—高等学校:技术学校—教材 Ⅳ.①TS941.28

中国版本图书馆 CIP 数据核字(2010)第 047224 号

| 策划编辑 | 叶 波 | 责任编辑 | 周素静 | 封面设计 | 张雨微 |
| 版式设计 | 王艳红 | 责任校对 | 王 雨 | 责任印制 | 毛斯璐 |

出版发行	高等教育出版社	咨询电话	400-810-0598
社 址	北京市西城区德外大街4号	网 址	http://www.hep.edu.cn
邮政编码	100120		http://www.hep.com.cn
印 刷	中青印刷厂	网上订购	http://www.landraco.com
开 本	787×1092 1/16		http://www.landraco.com.cn
印 张	7	版 次	2010年5月第1版
字 数	140 000	印 次	2015年1月第2次印刷
购书热线	010-58581118	定 价	21.80元

本书如有缺页、倒页、脱页等质量问题,请到所购图书销售部门联系调换。

版权所有 侵权必究

物料号 29247-00

全国高职高专教育"十一五"规划教材
教育部高等学校高职高专服装纺织类专业
教学指导委员会推荐教材

编审委员会

主　　　任：周　胜
副　主　任：唐宇冰
执行副主任：顾韵芬
委　　　员（按姓氏笔画为序）：
　　　　　　王　珉　刘让同　毕松梅　吴　俊　陈晓东
　　　　　　周　宇　范树林　范雪荣　施　凯　柳金发
　　　　　　赵展谊　徐　东　徐晓红　傅菊芬　潘福奎
秘　书　长：褚　结
副秘书长：肖　峡

前 言

　　服装画表现技法在服装设计专业整个教学过程中起着重要作用，服装设计从构思、收集资料、指导生产到产品的宣传、推广都离不开服装画。它是作为合格的服装设计师应具备的基本素质之一。

　　服装画不仅仅是一种绘画形式，更重要的是要指导实际工作。它是服装设计师表述设计思路的语言，是用来指导生产的标准。服装画包括设计草图、平面款式图和服装效果图。其中，平面款式图和服装效果图是学生毕业以后从事服装设计工作必须掌握的，也是本书的重点。本书区别于以往服装画表现技法的重要特点是注重服装画在实际工作中的应用和表现，并且按服装企业切实的设计需要进行技法表达。以往服装画表现技法方面的书大多围绕如何画好服装效果图展开，忽视企业实际工作中与之相配套的设计草图、平面款式图、工艺说明，而这三方面恰恰是服装设计师在实际工作中经常用的表现形式。

　　根据笔者几年来从事高职手绘服装画技法教学及社会实践工作的亲身感受，针对高职"以培养具有综合素质的应用型人才为准则"这一教学要求，本书总结出了一套简便、易学、实用的手绘服装画表现技法。

　　需要说明的是，本书介绍的内容同以往服装画表现技法不同。以往有关服装效果图的教材大多注重画面的艺术性，而不注重画出来的款式能否投入生产、能否有市场（实用性），本书则力图改变这一教学与实践相脱节的现象，所述内容都以实践工作中的公司设计图为依据，设计草图、效果图、款式图等每一部分都充分体现本书的市场实用价值，具有教学上的实用性，为学生实习提供充分的实践指导。例如在服装画的整体表现一章中，本书重在强调服装穿在人体上的效果，注重色彩和款式的合理性，而不单是以往教材中所强调的以画好人物为主而忽略它在实践工作中指导生产的作用。对平面结构图表现部分的强调也是本书的一个重要特点。一个设计师能否掌握这一技能直接影响到其对结构的理解，只有对结构充分理解而展开设计的平面结构图，才能使打板师制订出正确的板型，没有正确的服装平面结构图就无法指导生产。所以，掌握平面结构图是设计师必备的能力，这是以往服装效果图表现技法书所欠缺的内容，同时也是本书重视市场实践性的重要体现。有关平面款式图（服装平面展开图）的部分指出平面款式图的作用，是为了让设计图更好地投入生产，指明了结构、工艺制作课的重要性，能够改变学生以往轻视工艺、结构课的错误态度。此外，本书在介绍具体服装画绘制技法的同时还对面料、图案及特殊工艺的表现作了介绍，引导学生在设计中将面料、纹理、材料性能等因素与服装结构、制作工艺结合起来考虑。

　　综上所述，本书力求在满足高职教学需要的同时，还能够适应不同层次学习服装设计的读者，爱好服装设计的读者能够通过本书快速掌握服装设计实践工作表现内容和设计程序，能够比较轻松地上岗就业。

　　由于服装业及服装教育领域发展迅速，编者的水平有限，书中疏漏和不尽如人意之处在所难免，希望专家、同行和读者批评指正。

编　者
2010 年 2 月

目　　录

绪论 1
第一章　服装画与人体结构 9
  第一节　人体比例 9
  第二节　人体动态 21
第二章　服装画表现基础 25
  第一节　工具和材料 25
  第二节　绘制步骤 30
  第三节　线的表现 34
  第四节　材质的表现 39
第三章　服装款式图表现 46
  第一节　款式图的功能与要求 46
  第二节　款式图的整体表现 52
  第三节　款式图的局部剖析 59
第四章　服装画的整体表现 68
  第一节　运动与休闲装表现 69
  第二节　职业装表现 75
  第三节　时装表现 77
  第四节　礼服表现 79
  第五节　系列装表现 84
第五章　优秀作品赏析 88
参考文献 105

绪论

一、服装画的概念

（一）服装画

服装画是指以服装为基本表现内容的绘画。严格地说，并非所有着装的人物画都是服装画，它可以分为服装设计图和服装插图、广告画两大类型。服装设计图包括服装设计草图、服装设计效果图、服装平面款式图以及服装结构设计图，主要用于指导服装生产或服装产品资料存档；服装插图或服装广告画多用于交流、推广、宣传等商业促销中。而在实际的教学和应用过程中，我们所说的"服装画"就是指服装设计图。

（二）服装设计图

服装设计图是指服装设计师使用必要的绘画工具，将头脑中对服装的设计意图用图画的方式具体表现于纸上的说明。一套完整的服装设计图包括设计效果图、设计款式图以及结构图。

（三）服装设计草图

服装设计草图指设计师以迅速记录的方式表现其设计灵感，是设计者表达意念、思考问题、捕捉灵感的直接而生动的手段。有时我们也借用这个概念表述设计师收集服装资料时纯粹的记录性速写（图1）。

（四）服装设计效果图

服装设计效果图是指设计者通过对服装色彩、造型、质感以及人物着装姿态的绘制和艺术表现来体现服装设计构思的画面形式。一般此类服装画风格较写实，比例可以适度夸张，以便客户更好地了解设计师的设计意图并提出修改意见（图2）。

（五）服装平面款式图

服装平面款式图即服装平面展开图，是按服装造型的实际比例绘制而成的服装图像。款式图可准确反映服装款式的特征、造型结构及细节，因而在服装生产中使用广泛。服装平面款式图大多不施色彩，而以线条勾勒的方式表现，图旁多附面料实样（图3）。

（六）服装结构图

服装结构图又称服装裁剪图或纸样，它是将服装的立体形态以平

图1 服装效果图

图 2　学生张妍作品

图 3　服装平面款式图

面结构的形式表现出来,是确保设计意图得以实现的重要组成部分。结构设计图的绘制应科学、合理、精确、规范（图4）。

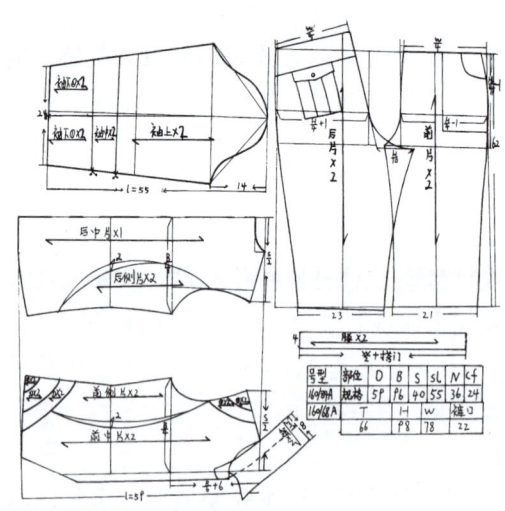

图 4　服装结构图

（七）服装插画

服装插画指时装杂志、时装公司为了追求杂志、样本等的艺术效果以及达到渲染和衬托服装产品及设计的目的,而委托设计师或专业时装画家所绘制的时装画。该类型的服装画强调画面的艺术处理,具有较强的艺术观赏性（图5）。

（八）服装广告画

服装广告画指时装杂志、时装公司用于广告宣传目的的时装画。通常由专业时装画家绘制，强调在忠于设计技术性的基础上，尽可能地发挥其艺术表现力，具有较强的视觉冲击力（图6）。

图5　服装插画

图6　服装广告画

二、服装画发展简史

（一）服装绘画的初始阶段

17世纪下半叶，在法国出现了服装画的早期形式——服装版画（图7），这是一种用以传播服饰文化和新潮款式的服装样式画。它强调欢聚的场面，豪华、洁净的背景空间，针对人们穿戴的服饰做细致周到的描绘，人物通常被安置在画面中央。在19世纪末20世纪初，由于新的艺术形式的出现服装版画开始衰退。

（二）服装绘画的黄金时期

服装绘画的黄金时期是19世纪末20世纪初和1930—1939年这两个阶段。当时摄影尚未冲击绘画市场，画家们可以在大型杂志上施展才华，广告商也借助绘画作品来宣传和推销商品。20世纪30年代前的时装画很注重艺术化的表现，强调画面的艺术风格，严谨而客观地表现服装，并常常在人物的着装和姿态以外衬托以简洁而富于装饰性的自然或生活场景，多采用线条勾勒、水彩描绘，其色调明快、表现细腻、风格工整。同时，20世纪前期的时装绘画还受到现代绘画艺术的影响，出现了"立体派"等的表现风格。值得一提的是，中国的时装绘画开始于20世纪初，并且发展迅速。在当时的《良友画报》、《北洋画报》等一些报纸杂志上都刊登有时装绘画作品和插图。一些著名的画家加入了服装绘画的队伍，如叶浅予先生就是一个突出的代表性人物。另外，出现了以表现时尚生活美女形象为主题的色粉画，画风细腻柔和，多以年历月份牌的形式发表，其流行面广，影响力大（图8）。

图7　服装版画

图8　中国20世纪初服装画作品

（三）服装绘画的今天

较之早期服装绘画的高度写实，今天的服装画更多地强调艺术表现，风格多样。大批院校毕业的学生经过专业化服装绘画的训练，为服装画的兴盛和发展注入了新的活力，特别是计算机绘画开辟了时装绘画新的空间。不可否认，服装绘画不断地遭到来自时装摄影的猛烈冲击，但时装摄影不可能代替服装绘画，两者相辅相成，彼此互补。而今，服装绘画特别是服装插画存在的意义已远远超出纯粹的商业插图和设计效果图。新时代的时装画家们一直在努力进行创造性的视觉体验，服装绘画正以独特、自由、个性化的艺术魅力滋润着人们审美的眼睛（图9）。

三、著名服装画家

托尼·威拉蒙岱

是当今国际服装画界令人瞩目的画家，其画风粗犷、强劲，富有力度，表现的女性形象豪放、冷傲，线条充满激情，传达出时代的节奏感（图10）。

安东尼奥·卢帕斯

20世纪60年代初开始活跃于纽约的时装画家，作品常见于当时的时装店和时装杂志中。画风多变，时而粗犷，时而具有装饰味，时而又激情洋溢，但人物基本结构严谨准确，显示出扎实的写实功底（图11）。

图9　引自天意杯效果图大赛

图10　托尼·威拉蒙岱

图11　安东尼奥·卢帕斯

图12　史蒂文·史迪波尔曼

史蒂文·史迪波尔曼
美国服装画家，风格豪放，线条苍劲有力，人物骨感（图12）。
肯尼斯·波尔·布莱克
美国服装画家，风格简洁、笔触潇洒，人物体态优美（图13）。
罗伯特·汤
　　美国近代具有代表性的服装画家之一，擅长钢笔表现，线条丰富、变化，人物体态修长，形象冷静。

史蒂文·梅森
美国服装画家,画风受马蒂斯影响,轻松自如,富有生活情趣。
本·莫里斯
美国很有代表性的服装画家之一,风格独特,线条粗细有别,极其简洁(图14)。
亨利·马歇瓦雷尼
法国服装画家,画风似莫迪里阿尼,人物简练,线条优美流畅。
芬妮·丹特
当代法国最具实力的女服装画家,线条简练,能准确地表达出20世纪六七十年代的时髦形象(图15)。

图13 肯尼斯·波尔·布莱克

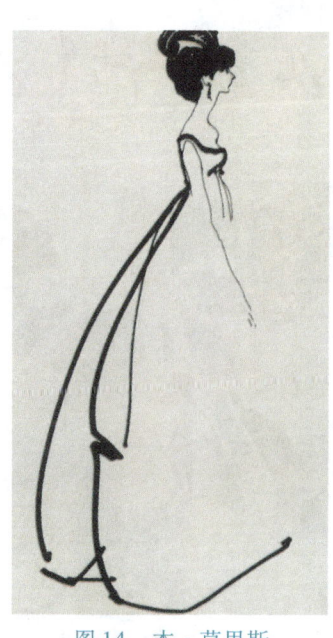

图14 本·莫里斯

图15 芬妮·丹特

费朗索瓦·贝儿索德
擅长将版画风格移入服装插画中,作品别开生面,感染力强。
詹尼·克尔
强调画面的平衡处理,整体的气氛与感觉,色彩华丽,具有现代装饰效果。
杰森·布鲁克斯
当代杰出的服装画家,他的风格已成为欧美时尚杂志插图的主流风格。作品色彩明快,格调优雅,洋溢着现代都市时尚、富足的中产阶级气息和浓重的商业味道(图16)。
鲁本·托利多
当代最具影响力的服装画家之一,擅长用轻松自然的水彩和线条来表现时装,将

图16　杰森·布鲁克斯

其智慧与前瞻性融入时装画中，充满了隐喻（图17）。

格拉汉姆·伦斯威特

其服装画的风格是近年来街头文化的典型代表，作品线条简洁流畅，色调低沉淡雅，常选用街头青年为主题人物形象，画面或辅以涂鸦字体，或衬以城市建筑背景，带有强烈的街头风格（图18）。

安加·克罗恩可

当代非常具有代表性的女服装画家，她的画作简洁流畅、格调高雅，画中人物多以剪影形式或拉长比例的变形手法表现，具有强烈的装饰意味和时尚感（图19）。

图17　鲁本·托利多

图18　格拉汉姆·伦斯威特

绪论　7

熊谷小次郎

　　日本著名服装画家，画风细腻、优美（图20）。

矢岛功

　　日本著名服装画家，作品追求浪漫情调，线条圆润、流畅，色彩鲜亮、明快，富有生气（图21）。

萧本龙

　　中国台湾著名服装画家，擅长表现女性柔美的曲线和柔滑的肌肤，具有清新的写实风格。

图19　安加·克罗恩可

图20　熊谷小次郎

图21　矢岛功

第一章

服装画与人体结构

学习目标

知识目标
- 了解人体比例基本表现形式
- 掌握人体基本比例
- 了解人体动态的变化规律
- 掌握不同动态人体着装的表现形式

能力目标
- 能够绘制简单的服装人体比例图
- 了解人体的结构
- 能够在绘制服装效果图工作中运用基本人体比例

开章语

服装人体是服装画的基础和载体，它有别于纯绘画艺术中的写实人体，是在写实人体的基础上经过夸张、提炼和概括，以8头半身长为标准的人体。服装人体的美是以修长、优美为主要特征，更大程度上契合了人们对人体美的需要。在这一章中，我们将着重讲解服装人体各局部的表现，以及服装人体姿态、比例、造型和训练方法。

第一节 人体比例

一、人体结构知识

人体由头部（脑颅、面颅），躯干部（颈、胸、腰、腹背），上肢（肩、上臂、前臂、腕、手），下肢（髋部、大腿、膝、小腿、踝关节、足）四部分组成。

1. 人体的骨骼关系。人体共有206块骨骼组成，画服装画时不需要记住全部的骨骼，只需了解基本框架以及关节位置，就可以描绘出一张服装人体画。人体的骨骼有：

①脊椎骨，是人的中轴，从正面看是一条垂直线，从侧面看有四段弯曲。②胸廓，呈现上狭下阔的卵圆形，前是胸骨，后是胸椎，左右各有12根肋骨，圈成一个整体。③上肢骨骼，由锁骨、肩胛骨、尺骨、桡骨、腕骨、掌骨和指骨组成，上臂和前臂中间有肘关节。④下肢骨骼，由髋骨、股骨、髌骨、胫骨、腓骨、跗骨、趾骨组成，大腿和小腿中间是膝关节。

2．人体的肌肉关系。人体的肌肉同样也由许多块组成，对于我们来讲也只需记住几组主要的肌肉群。

（1）颈部：左右两块对称的肌肉，称为胸锁乳突肌，2/3见于颈前，从耳根部出发到锁骨内侧1/3处。

（2）胸部：胸大肌起于胸部上方，左右对称。女性乳房部位于胸大肌上方以下处。

（3）上肢部：上臂有三角肌、肱二头肌、肱三头肌，前臂有前臂伸肌群和前臂屈肌群。

（4）下肢部：大腿有股内侧肌群、股内头肌和缝匠肌，小腿有胫骨前肌、腓肠肌等。

二、服装画人体局部的画法

1．头部与颈部的画法。从水平角度看，人头部的姿势可分为三种基本类型，即正面、侧面和半侧面。

（1）正面的画法（图1-1）：

① 画一个长方形，长宽比例为5∶3，上下分为四等分，依次标上1，2，3，4，5，在长方形宽度中央画一条垂直线，左右对称。

② 在长方形内画一个上圆下尖的蛋形，作为脸的基本形，最宽点在2～3线之间。

③ 眼睛在第三条线略偏下一点，眼睛的长度为脸宽的1/5，眼睛的宽度为眼长的1/2左右，两眼之间为一只眼睛的距离。眉毛的位置在上眼皮一只眼宽的距离，弧度略向左右上方。眉梢点、外眼角点和鼻翼点三点连成一线，与水平线夹角为45°角。

④ 鼻子在正中的位置，左右对称，鼻底线在第4条线处，鼻翼宽略小于一只眼睛的长度。

⑤ 4～5线是人中、嘴、下颚部分，4～5线的1/2处是下嘴唇的位置，1/3处是上下嘴唇的中线即开口线，上嘴唇略小于下嘴唇，嘴的长度为两眼球内侧之间的距离。

⑥ 两耳位于3～4线之间。

⑦ 下颚在第5线处。

⑧ 发际线在第2线处，在与眉梢垂直处转折。

⑨ 颈部宽度为头宽的1/2，上部较下部略细，左右对称。

⑩ 根据脸部的结构关系修整脸型，完善整体形象。

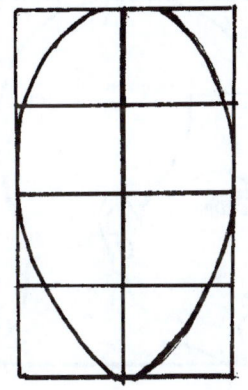 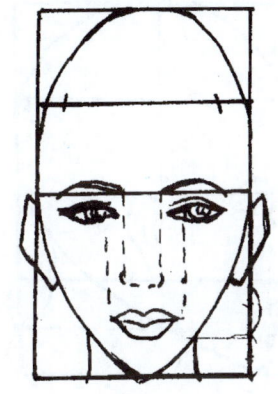 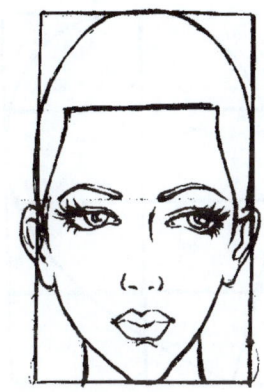

图 1-1　正面五官

(2) 正侧面的画法（图 1-2）：

① 画一个长宽比为 4∶5 的长方形，与正面画法一样，画出中线，上下分为四等分，依次标上 1，2，3，4，5。

② 头顶部在长方形的 1/2 处，下颚部位在第 5 线前一半的 1/3 处，画一卵圆形。面部线条较平缓，后脑部较圆，在第 3 线处相交。

③ 第 3 线为额与眉弓的转折处，眉毛长度比正面略短，弧度较大，眼睛在第 3 线之下，呈三角形。

④ 鼻子在第 3~4 线之间，斜出框外。鼻梁转折点不能低于眼睛的中间水平线。鼻头的位置在第 4 线略偏上，转折到脸部外轮廓的地方（第 4 线），鼻翼的宽度以内眼角垂直线为基础点。

⑤ 在第 4~5 线之间的 1/2 处是下嘴唇的位置，1/3 处是嘴唇中线的位置，上嘴唇比下嘴唇略薄，嘴角的位置以眼球内侧点为基点，作垂直线。从鼻底位置作一条向外的短弧线至上嘴唇是人中，上、下嘴唇一般在脸外轮廓线之外，下嘴唇以下向内收，角度在 45 度左右，下颌向外凸，凸出部分大小与内收部分基本相仿。

⑥ 耳朵位于 3~4 线之间，在头宽的 1/2 处。

⑦ 发际在第 2 线处。

⑧ 颈部宽度为头宽的 1/2。

⑨ 注意脸部结构关系，完善脸型整体形象。

(3) 半侧面的画法（图 1-3）：

① 画一个长宽比为 5∶3.5 的长方形，中线左右各平分 4 格，依次标上 1，2，3，4，5 画出一个上圆下尖的蛋形。

② 画一条偏向一侧的表现面部中心的虚线，发际线、眉、眼、鼻、嘴、耳的比例与正面头部相同。

第一节　人体比例

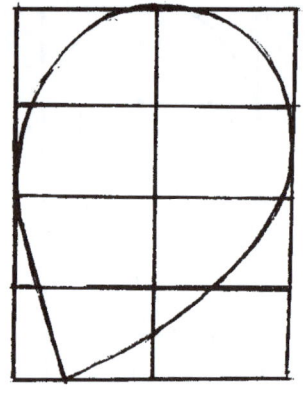 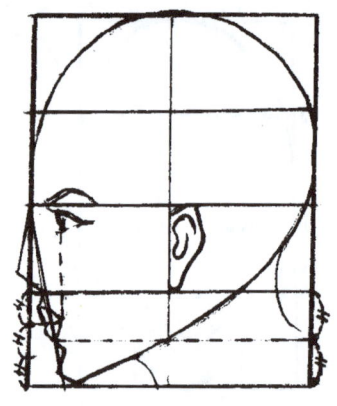 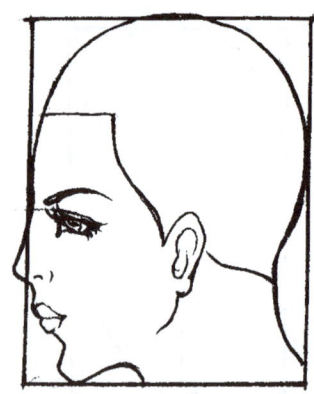

图 1-2　侧面五官

③ 左眼由于透视关系画得略圆些，两眼间距略小于一眼长度。

④ 鼻梁转折处不低于眼线的位置，鼻子底部在第 4 线略偏上一些。耳朵位置在右侧 1/4 处。

⑤ 颈部为半个头宽，后颈部沿后脑平缓画出。

⑥ 其余与正面画法相同。

⑦ 注意脸部结构关系，完善脸型整体形象。

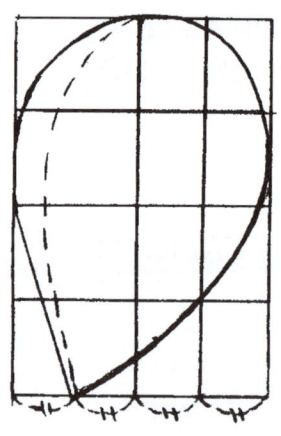 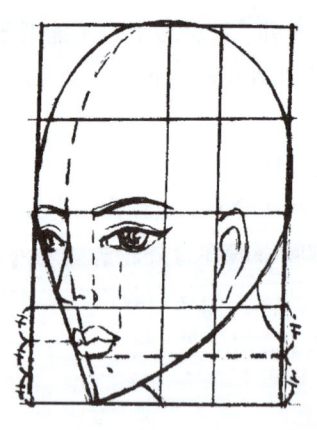 

图 1-3　半面五官

2．面部五官的画法（图 1-4）。

（1）眉眼的画法：眉的位置约距上眼睑一个眼宽的长度，微弧上扬，眉峰在眉长的 2/5 处出现。眉梢点约在鼻翼与眼梢的延长线上。眼宽与眼长之比为 1∶2，两眼间距一眼长。

眼的外轮廓线好似一个近似的平行四边形，一双漂亮的眼睛一般具有以下特点：
① 双眼睑、眼梢微扬，眼睑线粗黑有神。
② 眼黑多于眼白，即眼球占的比重大些，瞳仁深邃放光。
③ 上下睫毛浓密整齐，略微上翘。

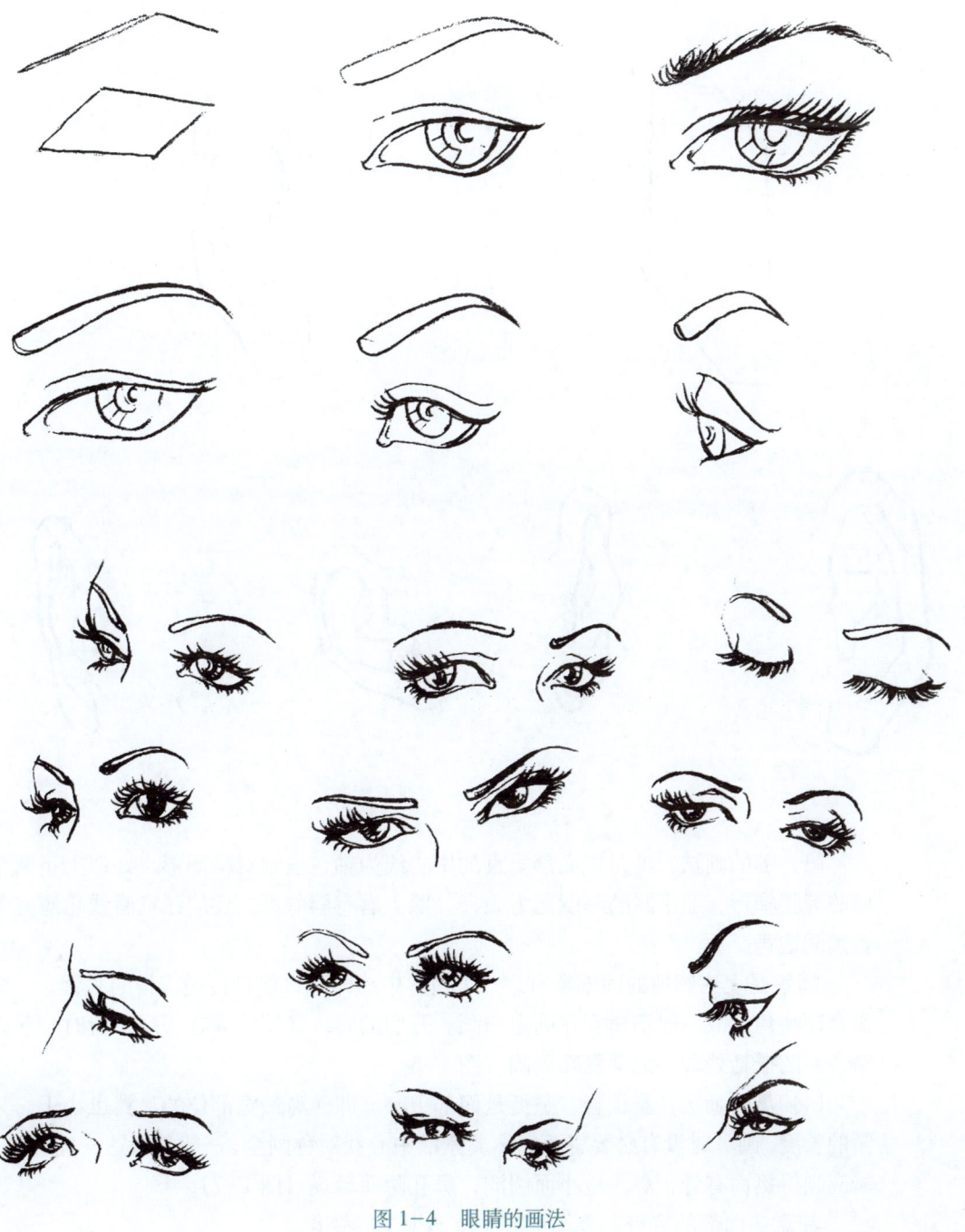

图1-4　眼睛的画法

（2）耳朵的画法：耳朵的位置是从眉梢的水平延长线起，至鼻底水平延长线。一般贴合于面颊侧后方。尽管耳朵在服装画中看似不起眼，但它对于准确表达头部扭转、仰起、低头等姿态是有帮助的。要表示清楚头面的方位和角度，画耳朵时应明确无误地画出耳朵结构。画正侧面时，耳轮是最完整的，形状是较宽的不规则六边形。随头部转动的角度不同，耳轮的形态相应发生变化（图1-5）。

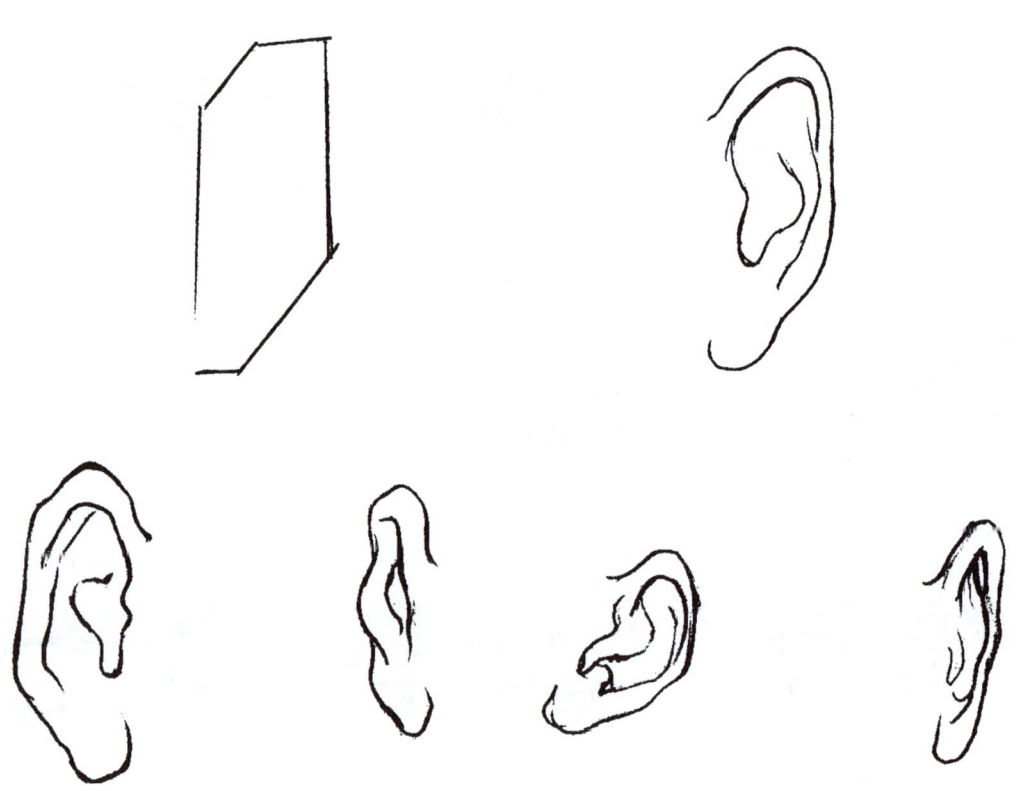

图1-5　耳朵的画法

（3）嘴的画法：嘴是以面部垂直的中心线为轴，呈轴对称图形，好似上下两个扁扁的等腰梯形。上下唇的厚度比为2：3，除上唇有唇峰外，还应注意唇线轮廓宜勾勒得圆润饱满。

嘴唇是表达感情的面部器官之一，嘴唇中线即开口线是传递表情的关键。一颦一笑牵动嘴角，故一般嘴角宜作确定描画。开启的唇、欢笑的嘴在表现牙齿时一般做省略含蓄的概括处理，无需颗颗刻画（图1-6）。

（4）鼻的画法：鼻正直、坚挺是面部中心。即使鼻最宽部位的鼻翼也小于一只眼睛的长度。画鼻时没有必要将两侧鼻翼紧沿中心线对称画全，一般仅表达一侧即可。鼻峰应画得挺而有骨，鼻头应小而圆润，鼻孔隐而玲珑（图1-7）。

注意头面部的姿势，鼻子也随着做透视上的变化。

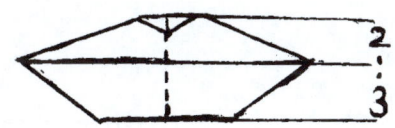 

图1-6　嘴的画法

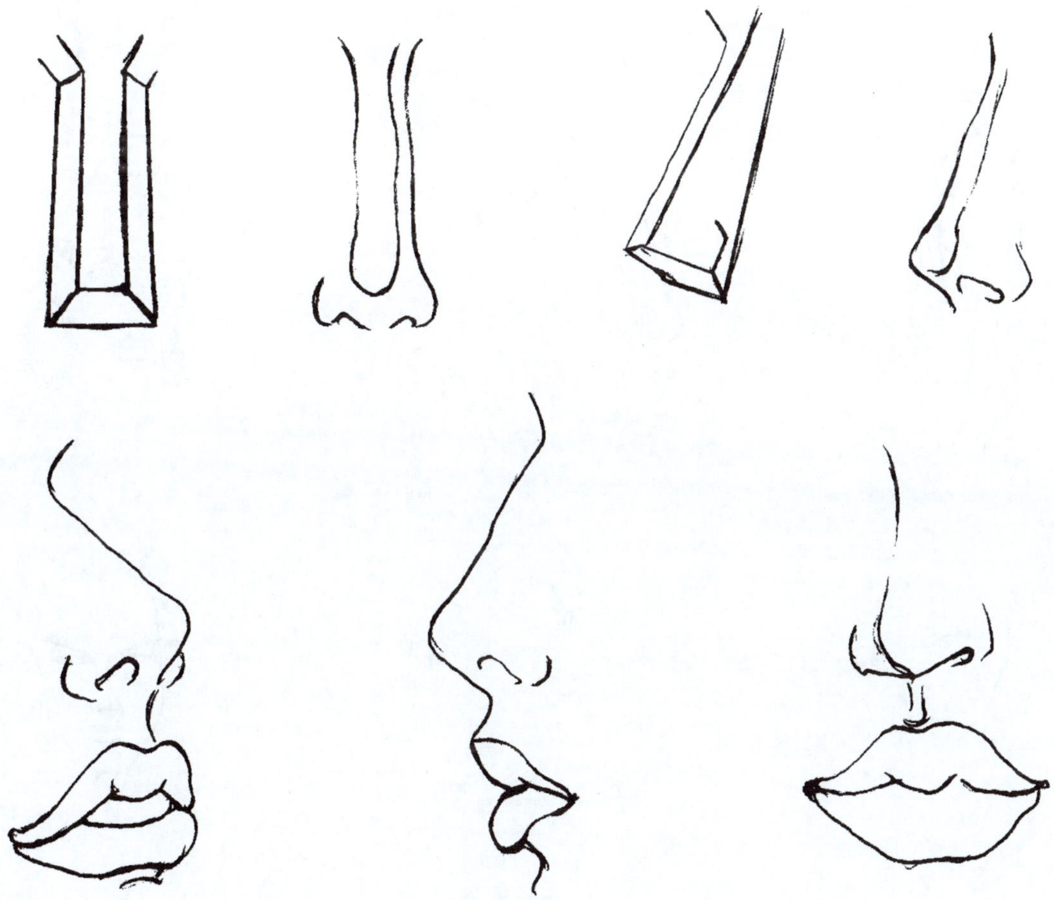

图1-7　鼻子的画法

3. 发型的表现技法。对于初学服装画的人而言，发型的画法也许是相当难把握的一"关"。发质有软有硬，发丝有长有短，有直有卷，发型则更复杂多变。

头发的绘画要诀归纳为以下几点：其一，将发型分成三大类，卷发、直发、束发（包括盘发）。其二，头发是依贴脑颅部生长的，其基础轮廓是在脑颅部加上适合厚度即成。其中，卷发蓬松，厚（松）度最大，束发服帖，厚（松）度最小。其三，将头发分成几个块画，根据不同位置进行精细刻画(图1-8)。

图 1-8 头发的画法

男士的三种经典发式，在具体作画过程中要注意有侧重面、有主次地描绘。比如可以将额前留海、发际、垂悬于前肩的发丝加以精雕细琢；对于盘发，更要交代清发束（丝）的来龙去脉，简陋的一根外轮廓线是远远不够的（图1-9）。

4．头部的上色与化妆技法。嘴常用的头部上色技法大致有水粉法（厚画法）、水彩法（薄画法）、彩色铅笔法。水彩头部上色步骤图（图1-9）。

厚画法富有立体感和层次感，即所谓的"有分量"。作画时由浅至深，由薄到厚注重头发、面部的受光、体积感即透视效果。色块与色块干厚衔接，笔触可辨。

薄画法淋漓流畅、清新淡雅，自始至终保持画笔水分，受光部留白。在前笔色未

图1-9　头部的上色与化妆技法

第一节　人体比例

干时及时衔接下一笔，使色与色自然晕渡，柔和莹润。

彩色铅笔平涂较前两者简便易学，该技法笔触讲究细腻精致，色的浓淡过渡与光影变幻全在于笔的轻重力度。此外，彩色铅笔有色覆盖力，可巧妙运用之，以描绘出丰富多彩的色相。

面部上色技法，实际上与真正的彩妆法颇为相似，上粉底——铺面部肤色，描眉点唇，打"腮红"。绘画时做到同步进行，面面俱到。

5．手与脚的画法。

(1) 手的画法（图1-10）。服装效果图中手的表现有一定难度，它是在正常手形的基础上经过适度的夸张而完成的。通常不要把手画得太小，否则和拉长的人体不成比例。

手是由腕骨、掌骨、指骨三部分构成。腕骨上接手臂的尺骨和桡骨，下接掌骨，起到屈伸与滑动的作用。手腕较小，外表不明显，容易被忽略掉，但我们必须将其表现出来。描绘手不仅要了解其结构，同时还要认识和把握手形的外部特征。手的掌部成六边形，手指从指根到指尖逐渐变窄，合并手指时，可把手归纳成一个旁侧伸出拇指，下面伸出其他手指的浅长方形盒子形状。张开手指时，手的形状呈扇形。

描绘手形时，可将拇指和其他四个手指分两部分处理。拇指、食指和小指的表现力较强，我们通常以这三指的特点来画手的形态。先确定手掌的宽度，把食指和小指

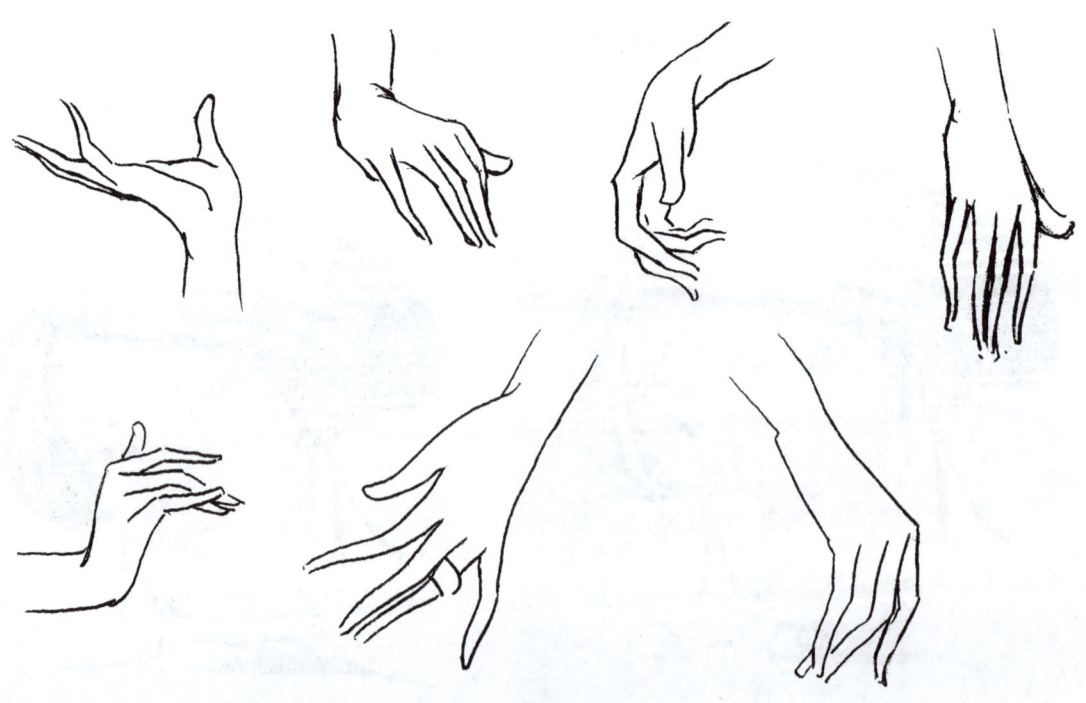

图1-10　手的画法

作为一个整体来画，注意这四个手指的指缝位置比较接近，拇指缝离它们较远。手的结构比较复杂，在服装效果图中，重点要放在手的外形和整体姿态的表现上。

画女性的手时，手指部分适当拉长，手掌部分稍短。注重女性手指的纤细、修长，不强调指关节的刻画和突出。但男性手的刻画线条要有力度，手形粗壮、方直有力量感。

（2）脚的画法（图1-11）。

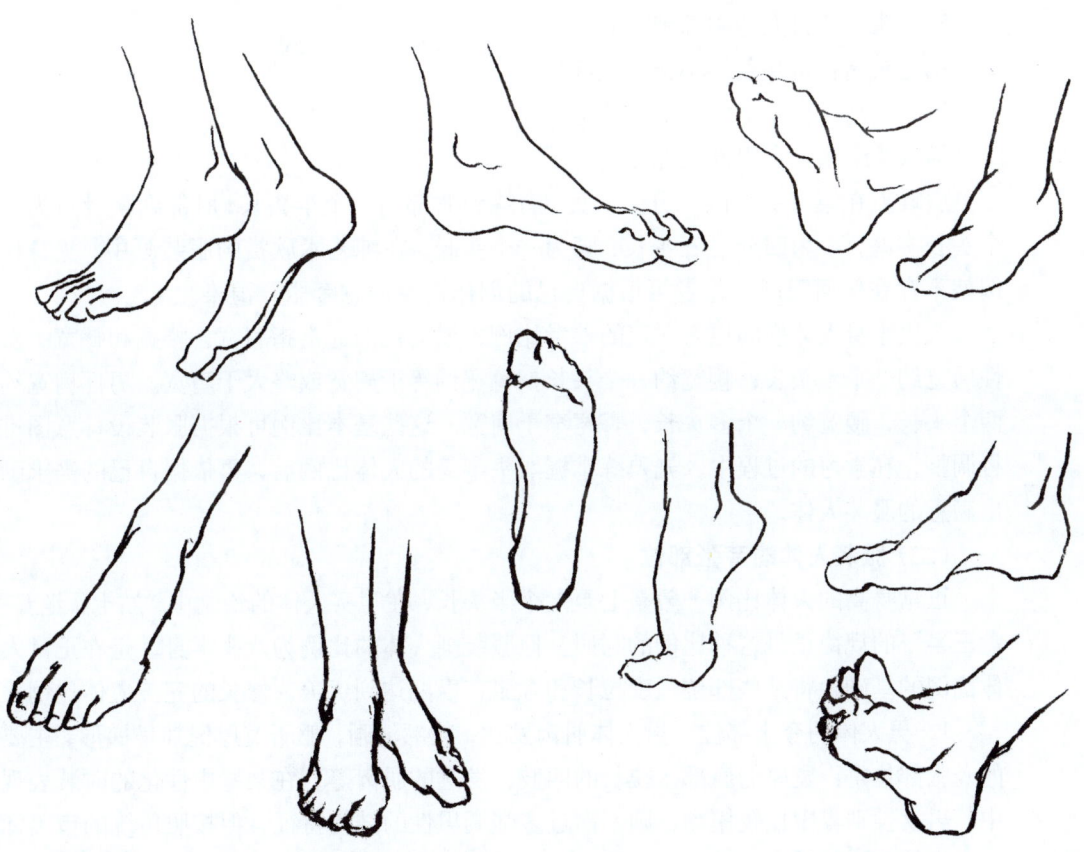

图1-11　脚的画法

三、人体比例及夸张部位

人体是服装效果图构成的基础因素。人体美因不同时期、不同地域审美标准各不相同。人们为了得到具有普遍意义的理想人体比例，对不同人种的体形、肤色等因素进行了大量的对比、测定和选择之后得出结论：女性最完美的人体比例为八头半身长。即以头长为基础，从头顶到脚底总长为八头半长。这一理想比例为服装设计师提供良好的创作空间，因此又把这一比例称为服装人体比例。

（一）八头半人体的比例

八头半人体的比例如下（图1–12）：

第一头高：自头顶到下颌底；

第二头高：自下颌底到乳点；

第三头高：自乳点到腰部最细处；

第四头高：自腰部最细处到耻骨点；

第五头高：自耻骨点到大腿中部；

第六头高：自大腿中部到膝盖；

第七头高：自膝盖到小腿中上部；

第八头高：自小腿中上部到踝部；

第八头半高：自踝部到地面。

肩峰点在第二头高的二分之一处，肩峰到肘部为一个半头长，肘部到腕骨点为一个头长多些。手为四分之三头长，脚为一个头长。在纯艺术欣赏的服装画中，头身比例就不存在任何限制，作者可根据自己的创作需要任意夸张、渲染。

八头半身人体横向也有一定的参考比例，横向比例通常指肩宽、腰宽和臀宽。女性肩宽约一个半头长；腰宽约一个头长，臀宽约等于肩宽或略大于肩宽。男性肩宽约两个头长，腰宽约一个多头长，臀宽窄于肩宽。这些基本比例可根据服装设计意图进行调整，在学习的过程中，先熟练掌握八头半身的人体比例后，再依据自己的需求画出满意的服装人体。

（二）服装人体的夸张部位

正常身高的人体比例一般是七至七个半头长，在写实人体的绘画中"站七、坐五、盘三半"的规律正是这种比例的写照。但服装画人体的比例为八头半身，是在正常人体比例的基础上将某些部位适度拉长和夸张，以期达到优美、修长的完美人体比例。

1．男人体的夸张部位　男人体肌肉发达，轮廓清晰，躯干宽厚健壮呈梯形。主要的夸张部位是：宽厚的肩部、拉长的四肢、发达的肌肉等。在某些中性化的时装表现中，男女性别界限比较模糊，则不需过多强调男性的结构特征。但按照传统的审美标准，男性还是以健康、健美而显得更富于男性气质（图1–13）。

2．女人体的夸张部位　女人体因脂肪发达而具有丰满的外形，也可将细颈、丰胸、窄腰、圆臀，胸、腰、臀的曲线关系，四肢的长度，头、手、脚的造型等进行夸张表现，无论从正面、侧面、半侧面都应表现出优美的曲线。下肢的大腿和小腿都应适度拉长，使整个人体比例显得协调。值得强调的是，一些服装画家认为女性从颈到肩的曲线最美，最能体现优雅的女人味，因此在画中特别强调和夸张这一部分。总之，女人体的夸张是以优美、典雅为最终目的。

3．童体与中、老年人体的夸张　儿童处于生长、发育的快速阶段，身高、比例变化比较大。四岁左右五头身，八岁左右六头身。效果图中的男、女童体可按照儿童的

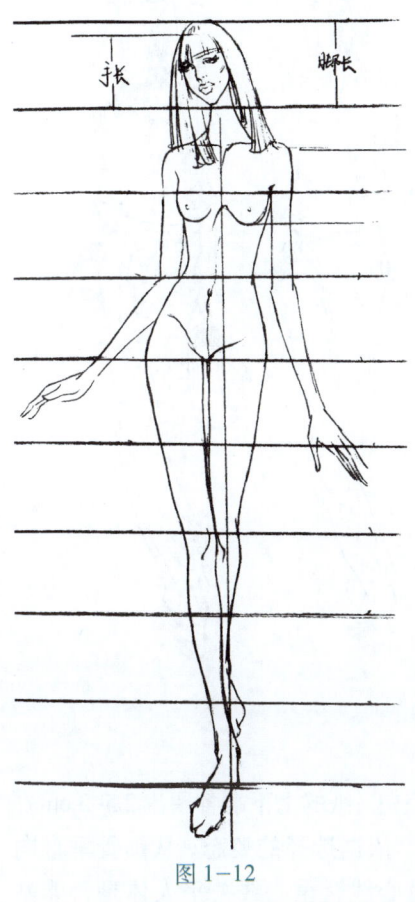
图 1-12

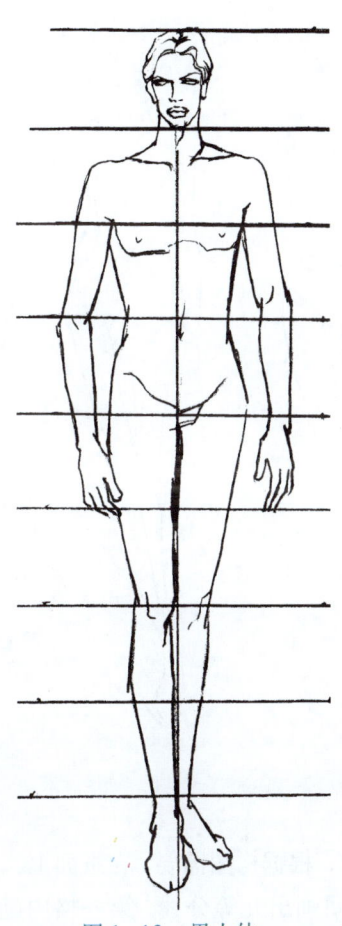
图 1-13 男人体

实际比例来表现，重点刻画儿童天真烂漫、活泼可爱的特性。脸部五官适度夸张，不妨加一些小雀斑等。中、老年男女人体比例也可采用八头身，夸张部位基本上与成年人体一致。在表现年龄特征时，应从动态、表情、精神状态、服饰特点等方面入手，表现出中、老年人成熟、稳重的一面。

第二节 人体动态

　　服装人体动态是在写实人体的基础上，经过提炼夸张、概括而产生的，能够充分表达服饰美的造型姿态。一般情况下，可以从以下几方面获得需要的服装人体动态：临摹优秀的服装效果图，人体写生后进行夸张，以时装摄影为基础演变成服装画。

一、服装人体姿态的训练步骤

　　在最初学习画服装人体姿态时可有以下几个步骤（图1-14）：

图1-14 服装人体姿态的训练步骤

1. 根据构图需要，在纸面上、下方留出合适的空白（纸的上下端各留出2.5~3 cm），在中间画出九等分线，第一格内画出头部的基本形，依据选择的姿态，从锁骨垂直向下画人体姿态的重心线，画出头部和躯干部分的重心线。重心线关乎人体是否能站稳，关乎人体的基本摆动姿态，这两条线是服装人体姿态必不可少的两条辅助线。

2. 画出肩部、腰部和髋部的动势线，注意这三条线除正面平视时是平行线外，其他时候都会形成一定的角度，角度越大，动势越明显。确定肩宽、腰宽和髋宽，依次画出上肢和下肢的动势线。

3. 标出头部五官的位置和发型，由上至下画出颈部、肩部、胸部、腰部、臀部的曲线，以及上肢和下肢及手脚的基本形态。

4. 画出衣服穿在人体上的感觉和基本式样，特别要注意人体与衣服之间的内外空间关系。

5. 刻画人体显露在衣服外面的各个部位和衣服的具体结构以及各种配饰，并反复调整人体与衣服相对应的各部位的相互关系，集中表现着装后人体的整体美感。

二、画服装人体姿态的要点（图1-15）

1. 重心与平衡 初学者在画服装人体动态时，常常掌握不好重心和平衡，画出的人体重心不稳。一般情况下，当人将所有的重量都集中在一只脚上时，从人的锁骨

图 1-15

窝点向下作一条垂线，正好落在承重脚上，这条线叫重心线。躯干承受重量一侧的髋部向上提起，骨盆向不承受重量的一方倾斜，肩部和胸部向受重方向放松，人体的中心线会随之变化。不承重的头、颈、臀和腿可创造各种姿态。

2．肩、腰、髋的关系　生动的服装人体姿态往往都是由肩、腰、髋不同程度的扭动和变化构成的，当身体的重心倾斜时，肩线和臀线就会出现倾斜度，躯干的中心线也会出现弧度，演变成表现人体动态的动态线。掌握肩、腰、髋的运动规律和相互关系是画好服装人体姿态必不可少的因素。

三、从时装摄影中提炼服装人体姿态（图 1-16）

对于有一定绘画基础的人来说，从时装摄影中提炼服装人体姿态不失为一种好方法。以下是这种训练方法的基本步骤：

1．选择一张动态较明显的时装摄影或图片，在拷贝纸上用铅笔画出其人体在衣服里的动态。

2．再将图片中的衣服穿上，体会、研究其人体与服装的相互关系。

3．选择相似的衣服穿在以上人体动态上。这种反复训练，对于理解和表现服装人体姿态很有益处。

图 1-16

作 业

1. 画男、女五官比例结构图各五张，用 A4 纸。
2. 绘制五组人体，一组五人，每一组都要求用 8 开素描纸。
3. 绘制彩色五官比例图两张，要求用 8 开水彩纸并且装裱。
4. 以黑白线描的形式绘制五组效果图，要求以时尚杂志上的服装为绘画对象，能够准确表现服装结构款式，每组三人，竖构图，8 开纸。

第二章

服装画表现基础

学习目标

知识目标
- 了解工具及材料基本表现特点
- 掌握服装画绘制步骤
- 了解线的表现
- 掌握不同材质的表现方法

能力目标
- 能够绘制简单的服装画
- 了解服装画绘制具体的表现步骤

开章语

今天，服装画越来越为人们所重视，它的功能不断扩大，形式也不断增多，最初主要是作为服装的设计效果图，后来又在服装广告、宣传和插图等方面大显身手，从一种制作图发展为一种艺术形式。服装画应该比服装本身、比着装模特更具典型，更能反映服装的风格、魅力与特征，因此更加充满生命力。在这一章中，我们将着重讲解服装画表现基础，工具及材料的运用、效果图绘制步骤、线的表现以及材质的表现方法。

第一节 工具和材料

服装画使用的工具甚多，一般来说，选用常用工具中的某些工具，就足以满足基本绘制要求。对于特殊技法的时装画，可以运用一些特殊的工具或辅助工具来完成，如绘图板工具、喷笔工具等。工具材料大致分为常用工具、颜料、纸张以及特殊工具，具体见下表。

服装画工具材料表

分 类	名　　称
常用工具	毛笔、钢笔（签字笔）、针管笔、勾线笔、铅笔、自动铅笔、橡皮、彩色铅笔、水溶彩色铅笔、油画棒、麦克笔、调色盒、画板等
颜料	水彩颜料、水粉颜料、国画颜料等
纸张	水彩纸、水粉纸、彩色卡纸、素描纸、铅画纸、拷贝纸、复印纸等
特殊工具和辅助工具	喷笔工具、排笔、三角板、丁字尺、曲线尺、直线笔（鸭嘴笔）、美工刀、胶带纸、胶水（糨糊）、电吹风等

钢笔——钢笔（签字笔）是极为常用的工具之一。可以选用弯头钢笔或多种型号的宽头钢笔，但要注意，宽头钢笔的特点是画出较阔的线迹，当表现连续、均匀、弯曲的线时，宽头钢笔便不能胜任。钢笔的墨水可选用较好质量的黑色绘图墨水，并经常保持钢笔的清洁，以保证墨水流畅。

铅笔——铅笔可选用 B、2B 型的黑色绘图铅笔或自动铅笔（图 2-1）。

图 2-1　铅笔

彩色铅笔——这种工具使用起来较为方便，表现力也比较强，有普通彩色铅笔（图 2-2）和水溶性彩色铅笔（图 2-3）。水溶性彩色铅笔，既可以当做传统彩色铅笔排线使用，也可以在绘制后，用水彩笔蘸水产生与水彩类似的退晕效果，或利用清水渲染而达到水彩的效果。

麦克笔——用麦克笔作画，是服装画的绘制技巧中较为快捷的一个方法。

图 2-2　彩色铅笔

因为麦克笔既可以表现线和面，又不需要调制颜色，且颜色易干燥。各种不同质地的纸，吸收麦克笔颜色的速度各异，而产生的效果亦不相同，吸收速度快的纸张，绘出的色块易带有条纹状，反之则相反。用蘸上香蕉水的棉球或布，可以除去油性麦克笔的色彩，或淡化色彩，利用这一特性，可以绘制出退晕的色彩效果。利用硫酸纸的透明性质，可以绘制出同一色彩的深浅层次和色与色的重叠效果（图2-4）。

图2-3　36色水性彩色铅笔

图2-4　麦克笔

水粉颜料——由粉质的材料组成，用胶固定，覆盖性比较强。所以画水粉的时候经常会从最深的颜色下笔，可以一层层盖上去，要有层次感（图2-5）。

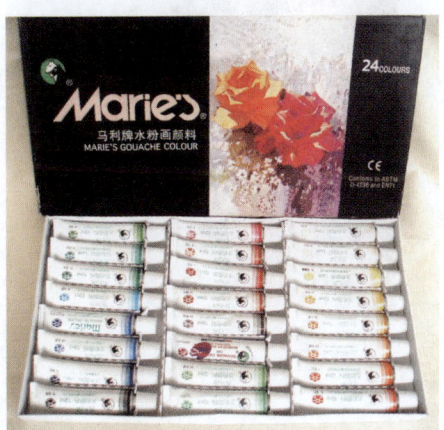
图2-5　水粉颜料

水彩颜料——多数较透明，色粒很细，但不能覆盖底色。水彩注重湿画，水偏多，覆盖性小，透明和反光的物体表面很适合用水彩表现。着色的时候由浅入深，尽可能避免叠笔，要一气呵成（图2-6）。

油画棒——是一种油性彩色绘画工具，一般为长10厘米左右的圆柱形或棱柱形。

同蜡笔相比油画棒颜色更鲜，在纸面的附着力更强，是服装画的作画工具之一。油画棒用途广泛，适合和其他画材一起使用，例如水彩、水粉颜料（图2-7）。

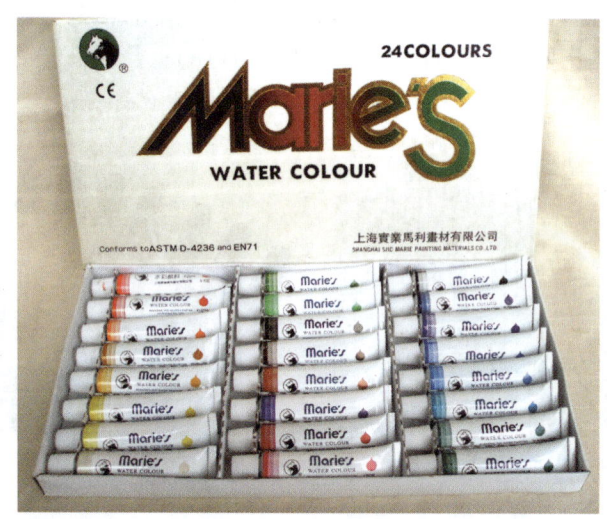

图2-6　水彩颜料

图2-7　油画棒

毛笔——是一种源于中国的传统书写工具。毛笔的种类很多，是服装画不可缺少的工具，笔头大多是用动物的毫毛加工制成。常用的服装画毛笔有羊毫（图2-8）、狼毫（图2-9）（大号、中号、小号）、勾线笔、叶筋笔、衣纹笔、花枝俏、小叶筋等。

纸张——水彩纸、水粉纸、彩色卡纸、素描纸、铅画纸外表各有差异，绘画中适用于不同的画法（图2-10）。水粉纸相对于水彩纸会厚一些，因为水粉画在创作时颜料会很厚实，要求纸可以完全承载；而且水粉纸是有点状纹路的，这样可以"挂住"颜色。

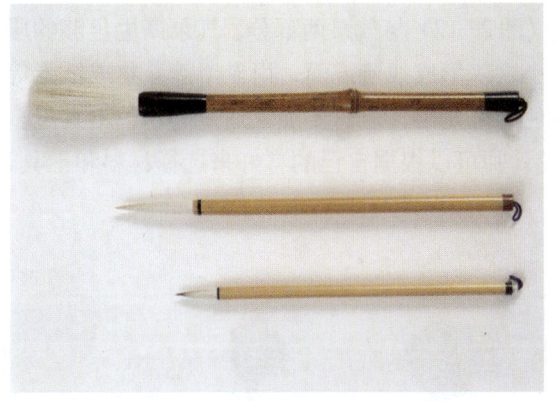
图 2-8　羊毫毛笔

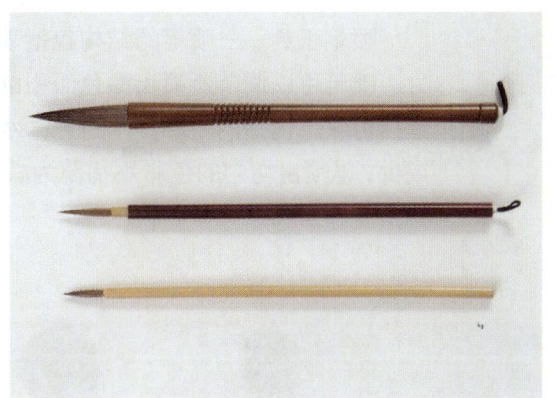
图 2-9　狼毫毛笔

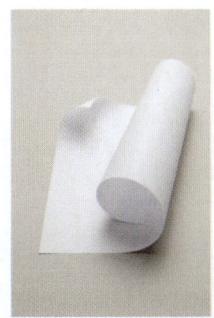

图 2-10　纸张

水彩纸的吸水性更好些，表面相对光洁，纸面白净，质地坚实，吸水性适度。卡纸是一种坚挺厚实、定量较大的纸。素描纸表面有点粗糙，不光滑，表面有微小颗粒，容易上色。

橡皮——绘图橡皮适用于专业美术铅笔的绘图（B、2B、3B、4B），还有就是画素描时的可塑型橡皮，适用于素描铅笔的绘画（B、2B、3B、4B、5B、6B、7B、8B、9B），香橡皮适用于一般的铅笔书写（HB、B、2B）（图 2-11）。

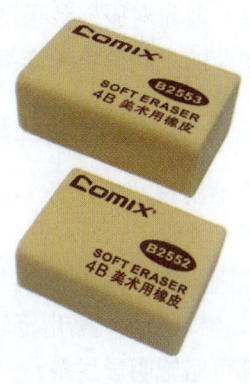

图 2-11　橡皮

第一节　工具和材料

喷笔工具——喷笔的结构包括喷笔（图2-12）与气泵两部分。气泵产生足够的压力，喷笔可以调节所喷出颜色面积的大小，以形成线迹或面，用专用遮蔽物或纸张等遮挡可喷出挺括的轮廓。水粉色、水彩色都可使用，但需要加入适量的水，不宜过多或少，以喷出均匀的色彩不稀薄为宜。设计师可以根据自己的喜好来选择材料和工具，自由度非常高。

图2-12　喷笔效果

第二节　绘制步骤

这一节先对服装效果图的绘制方法作简要的介绍，在第四章的服装画整体表现中将就服装的不同分类做详细的讲解。

一、铅笔淡彩画的绘制步骤

铅笔淡彩以其简洁、明快、舒畅的特点，成为服装画技法中较基础、较常用的一种表现形式。

作画步骤（图2-13）：

1. 铅笔起稿，需用笔轻缓，因为是淡彩画法，以免一些铅笔残痕难以覆盖，衣纹等暗部可略施阴影线条。

2. 稿子起好以后，蘸水彩颜料调出服装主色调，保持笔尖水分，请轻轻涂画，待画面半干时，同色、同深度、同湿度在衣纹等阴影部继续加深，如此反复。

3. 以相同技法依次为肢体、头发、服饰配件等上色，切忌色厚色脏。

4. 用稍浓色在已干的画面上加饰服装面料的彩印、提花或刺绣、镶滚等细节。待画面干后，用铅笔勾线。

图 2-13　服装画绘制步骤一

二、钢笔平涂画的绘制步骤

钢笔平涂具有用笔肯定、结构清晰、色彩饱和的特点。由于是块面上色，因此特别适合于套装的表现。

作画步骤：

1. 先用铅笔在纸上画出底稿，然后用钢笔肯定地将人物及服装款式表现出来。

2. 待钢笔线完全干透后，用淡彩上肤色和发色，用饱和的颜色画服装的基本色。上色时要将所有的钢笔线空出，并留出一定的空白。

3. 用较深的颜色画肤色的暗影部分，给脸部上色，同时画出服装的花纹及阴影部分。

4. 待颜色完全干透后，用清水在留空白处晕色。最后作调整，将部分模糊的线条加深。

三、彩色铅笔的绘制步骤

彩色铅笔是一种容易掌握的绘画工具，运用素描的艺术规律表现服装造型和面料质感，用笔讲究虚实、层次关系，能很好地表现服装的立体效果，使服装造型和面料质感特征更加细腻逼真。

作画步骤（图2-14）：

1．确定人体中线及人体的基本形态，完善人体造型的基本形态并确定人体上服装的款式。

2．着第一遍色时，首先要确定衣服的色调、人物肤色及头发的基本色调，注意把握好受光和背光的关系。

3．画面由浅入深，可以分层次覆盖，加强层次和明暗。

4．仔细刻画主要部分，加强主要部分的质感表现，调整局部与整体的关系，直至完成。

图 2-14　服装画绘制步骤二

四、油画棒技法的绘制步骤

在服装画技法中，油画棒表现出的艺术效果可谓奇妙斑斓而不失情趣。油画棒质软厚腻，在夸张、大气的画面效果中能起到异想不到的强化与渲染作用，尤其与其他技法结合使用，表现粗纺、毛衣、蜡染等织物时效果显著。

作画步骤：

1. 铅笔起稿，在作画过程中由于油画棒随意、灵活，起稿用线可轻松洒脱，自由放任一点，细微部分不用多费笔墨。

2. 选择相宜的油画棒上服装色。如必要可将笔端削尖，油画棒色覆盖度与色牢度差，作画时注意色与色的交汇部分。

3. 以白色油画棒绘制"蜡染"纹，要事先打好"腹稿"，以免涂抹出格。

4. 选取服饰主调颜色，调配得当上色，此时上色可大胆随意，因水粉与油画棒相斥，会获得十分逼真的蜡染效果。

五、麦克笔技法的绘制步骤

麦克笔上色具有简洁、方便、效果快的特点，被大家广泛采用。目前市场上的水溶性麦克笔颜色有几十种甚至上百种，足以用于一般性使用。由于麦克笔相对较硬，用色笔触不大，再加上色时没有像水粉或水彩那种流动性，因此，在表现服装时有一定的局限性。相对来讲，表现精纺类等一些较硬挺的面料比轻薄的丝绸或纱绡类面料好。

作画步骤：

1. 用铅笔在正稿上将人物的造型较仔细地勾画出来。
2. 用肉色表现皮肤的色彩。注意要尽可能用最大的笔触画，作画要干脆，不能在画面上反复修改，否则会留下许多斑点或接痕。
3. 用同一支笔在所需画的重要地方画出阴影，如不需要太多的区间，可用清水进行晕色，使其自然融合。
4. 用钢笔勾画出服装的结构线，刻画细节部位。

第三节　线　的　表　现

服装画的表现手段多种多样，用线变化丰富。从表现面料质感和艺术效果的角度来讲，时装画的用线常常概括为三种线，大致可分为匀线、粗细线、不规则线。

一、匀线

一般运用绘图笔或钢笔来画，要求线条粗细均匀，用线规整而准确，线的布局长短疏密处理得当，线条勾勒顺畅而有力度。匀线的特征是线条挺拔刚劲，清晰流畅，适合表现一些轻薄而柔韧性强的面料，如丝绸、纱、精纺面料等（图2-15至图2-17）。

二、粗细线

粗细线的特征是运用毛笔或硬笔书法钢笔（衣纹笔、小红毛、小蟹爪等或美工笔）来画，用笔粗细兼备，刚中有柔，柔中带刚，生动多变。适合表现一些较为厚重的、悬垂性强的面料（图2-18至图2-20）。

三、不规则线

一般用图画用钢笔或毛笔绘制，线条的疏密组织与粗细变化形成刚柔对比，很好地表现出不同材质的特点。不规则线常常借鉴、吸收传统艺术中的石刻、画像砖（汉瓦当）及青铜器纹饰的用线特征。其线条古朴苍劲、浑厚有力、顿挫有致，不规则线适合表现一些表面凹凸不平的面料效果，如各种粗花呢、手工编织面料等。一般用毛笔勾勒，侧锋，手腕自然抖动（图2-21至图2-25）。

图 2-15 不同面料质感的画法

图 2-16 匀线的画法（一）

第三节 线的表现

图 2-17　匀线的画法（二）

图 2-18　粗细线的画法（一）　　　　　图 2-19　粗细线的画法（二）

图 2-20　粗细线的画法（三）

图 2-21　不规则线的画法（一）

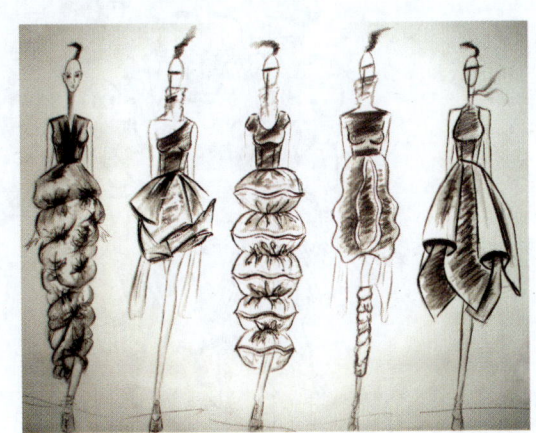

图 2-22　不规则线的画法（二）

第三节　线的表现

图 2-23　不规则线的画法（三）　　　图 2-24　不规则线的画法（四）

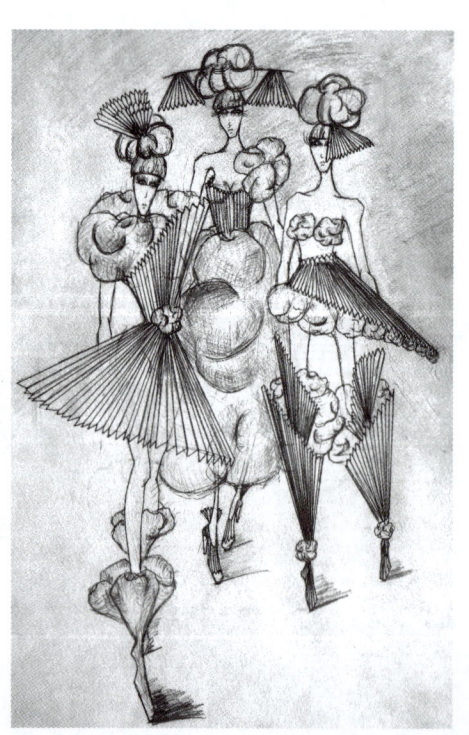

图 2-25　不规则线的画法（五）

以上所讲到的三种线的表现方式，可根据不同的面料质感和不同的服装造型来灵活地选择运用。这三种线是服装画中最基本的用线，在服装画的表现中，线是基础中的基础，无论哪种风格的时装画都离不开线。总而言之，服装画可根据不同的面料质感和不同的服装造型风格来选择用线。

第四节　材质的表现

面料的分类，可以大致归纳为以下几种：薄料、厚料（包括中等厚度）、毛绒面料、透明面料、反光面料、镂空面料、针织面料以及一些特殊材质的面料。

服装材质的表现是相对的，我们在表现服装画中的面料质感时，必须通过表现的目的性、对象特征、画面风格、工具材料等因素，制订所要表现对象的形态效果。换言之，必须综合考虑各种因素表现对象，而不是将面料质感（或其他如款式、辅料、人物形象等）孤立表现。

1．薄料质感的表现——薄料的特征是飘逸、轻薄，易产生碎褶。在表现薄料时，用线可以轻松、自然，宜使用较细而平滑的线，而不宜使用粗而阔的线。以淡彩的形式可以较好地表现薄质面料，或者运用晕染法、喷绘法，都易表现出薄的感觉。表现薄料大面积的起伏，可以使用大笔触进行大面积的处理。对于薄料的碎褶，可注重其随意性和生动性，针对其明暗，略加着重刻画。薄料在穿着之后，有贴身与飘逸之分，前者可以着重表现，而后者则可以略为虚之（图2-26至图2-29）。

图2-26　薄料质感的表现　谢秀红　　图2-27　薄料质感的表现　文关秀

图 2-28　薄料质感的表现　李婷婷　　　　　　　图 2-29　薄料质感的表现　黄婷

2. 中、厚面料质感的表现——中、厚面料的表现与薄料的表现有截然不同之处，易采用粗犷、挺括的线条。呢子的反光性较弱，可利用平涂、摩擦等较为方便的方法表现出这种感觉来。对于粗花呢，可采用洒色法、拓印法等表现粗花呢的花纹。由于面料厚度的影响，中、厚面料的褶不易服帖，因而显得大而圆滑（图2-30）。在表现牛仔布时，可用摩擦法以及拓印法表现出牛仔布的纹理（图2-31）。

3. 针织面料的表现——编织的表面纹理是针织面料质感表现的重点。由于针织面料的种类不同，其表现方法亦各异。用圆机生产的针织面料，纹理平滑、整齐，可采用相应的转印纸图案，转印一定部位、面积的针织纹理。或在绘制中，适当夸张面料的针织纹理效果。而横机以及手工编织的针织面料，可以直接按一定的比例（针对较大的纹理而言，如较大的绞花纹理、较大的编织纹样等）进行刻画，或者夸张地表现其纹理效果（图2-32至图2-34）。由于编织面料的图案造型是根据编织面料的纹理走向而生成的，在表现这类图案时，可考虑采用方块状或锯齿状纹理，工具可以使用彩色铅笔、油画棒等，而技法可采用摩擦法、勾线平涂法等。

图 2-30　中、厚面料质感的表现　卢嘉君　　　图 2-31　中、厚面料质感的表现　李露

图 2-32　针织面料表现　钟杰婷

第四节　材质的表现

图 2-33　针织面料表现　陈达雄、苏海堂

图 2-34　针织面料表现　张家鑫

4．透明面料的表现——透明面料包括塑料、纱等，对于此类面料的表现，可以综合运用重叠法、晕染法或喷绘法来表现纱的透明效果。当透明的纱与塑料覆盖在比它们的色彩明度深的物体上时，被覆盖物体的颜色会变得较浅；反之，被覆盖物体的色便会变深。纱易产生褶，在处理时可加强层次的丰富感，而对于飘动起来的纱可略为淡化（图2-35至图2-36）。

5．毛质感的表现——裘皮面料具有蓬松、无硬性转折、体积感强等特点。长毛狐皮面料还具有一种层次感，表现裘皮可结合撇丝法、摩擦法、刮割法，先置深色，而后略顺其纹理逐层提亮（图2-37）。

羽毛的层次感强，可参考采用表现裘皮面料的步骤，所不同的是不用撇丝，而用较大的笔触，画出其羽毛的形状（图2-38）。

6．反光面料的表现——表现反光面料通常有两种方法：一是平涂法，较为简略，或勾线、或无线平涂。将反光面料归纳为两个、三个或更多的层次，重点表现面料的受光面、灰调面、暗面,将灰面与受光面的明度加大,产生对比后的光感,特别适合表现面料大的转折、皱褶。另一种方法是倾向写实的较为复杂的方法,将面料按照写实的风格去处理,表现反光面料丰富的层次,注重面料的细部变化,将面料的转折、皱褶进行深入刻画,面料的反光便会表现得淋漓尽致(图2-39、图2-40)。

图2-35 透明面料的表现 韩晓

图2-36 透明面料的表现 谢秀红

第四节 材质的表现

图 2-37　裘皮质感表现、薄纱质感表现　卢嘉君

图 2-38　羽毛质感表现　邝敏静

图 2-39　反光面料的表现
　　　　　甘雨霞

图 2-40　反光面料的表现　邓丽琼

作　业

试题：自行选择两种材质进行表现技法练习，绘制两张效果图。

要求：

1．款式设计要有独创性。
2．技法选择要得当。
3．构图完整。
4．整体效果、人体动态、款式、技法，结合完美。

第三章

服装款式图表现

学 习 目 标

知识目标
- 了解服装款式图的功能与要求
- 掌握服装款式图的整体表现方法
- 掌握服装款式图的局部表现技法

能力目标
- 能够绘制不同类型的服装款式图
- 了解服装款式图的功能与要求
- 能够在绘制服装款式图的工作中掌握各种服装局部细节的表现方法

开 章 语

服装款式图是设计图的具体化，款式图操作简便明了，用途很广泛。无论是服装设计，还是在服装生产中都离不开款式图，所以我们必须要学会准确画款式图，并且能熟练地运用。在这一章中，我们将着重讲解服装款式图的绘制方法。

第一节 款式图的功能与要求

一、服装款式图及功能

服装款式图是服装设计表现不可缺少的环节，尤其在工业生产过程当中，由于其简单、明了、直观，甚至可以直接作为服装板样各部位尺寸的依据，深受设计人员青睐，因此，现在大部分服装企业的设计师大都以款式图的形式来表现他们的设计，这样既省时间又能够直观地提供服装尺寸依据。实际上使用立体的形式来表现服装的效果，最终也还是要转化成平面生产图的形式来制作服装样板，由此可见，服装款式图表现是服装设计者必须掌握的基本技能。

（一）款式图

指以平面图的形式表现服装的外部造型、比例、内部分割以及部位之间的比例关系的图样，是以粗细、虚实的线条清晰准确地表现服装款式特征的款式生产图（图3-1）。

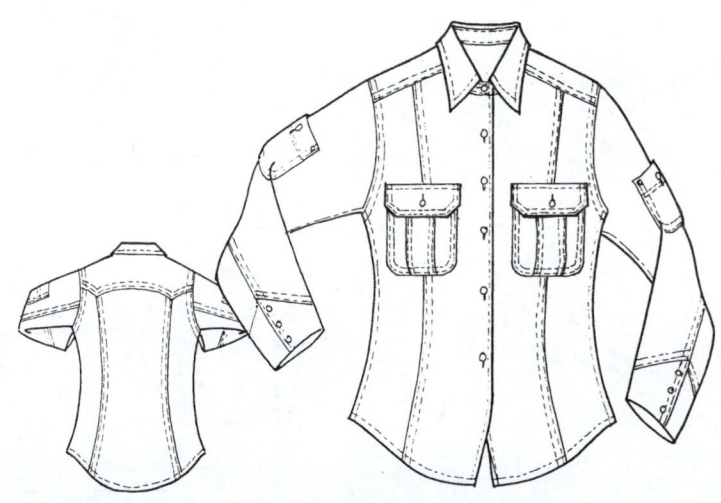

图3-1　服装款式图

款式图是根据人体以及与服装立体效果图之间的关系，将服装的基本外形、内部分割、装饰手段等按照一定的比例表达出来的图样，款式图对服装部位尺寸的要求不是非常严格，但是，要将基本的造型结构和部位比例表达出来。款式图和效果图的区别是：效果图有一定的立体感，而款式图是平面的，注重服装的结构及缝制工艺等细节的描绘（图3-2），同时还要有必要的文字说明。

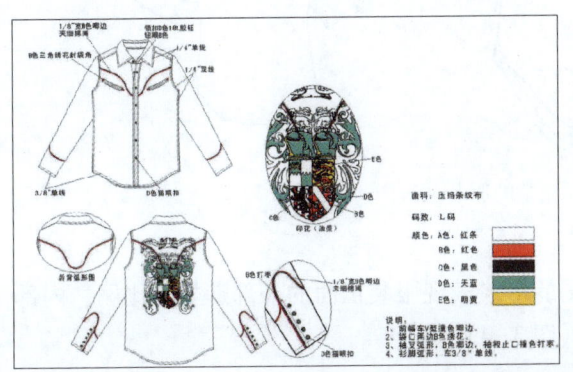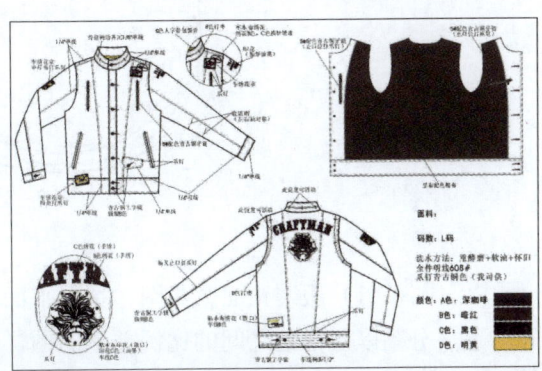

图3-2　注重服装的结构及缝制工艺等细节的描绘

第一节　款式图的功能与要求

（二）服装款式图的组成

服装款式图按照表达的意图一般分：服装正面款式图、服装背面款式图、服装局部款式图。完整的款式图需要由正面图、背面图、局部图三部分组成（图3-3），当然一些简单的服装款式可省略背部款式图或局部款式图，或者背部款式图省略画一半就可以了。

图3-3 完整的服装款式图

（1）服装正面款式图：指以平面图的形式表现服装正面的外部造型、比例、内部分割以及部位之间的比例关系的图样（图3-4）。

图 3-4 服装正面款式图

（2）服装背面款式图：表现服装背面的外部造型、比例、内部分割以及部位之间的比例关系的图样（图 3-5）。

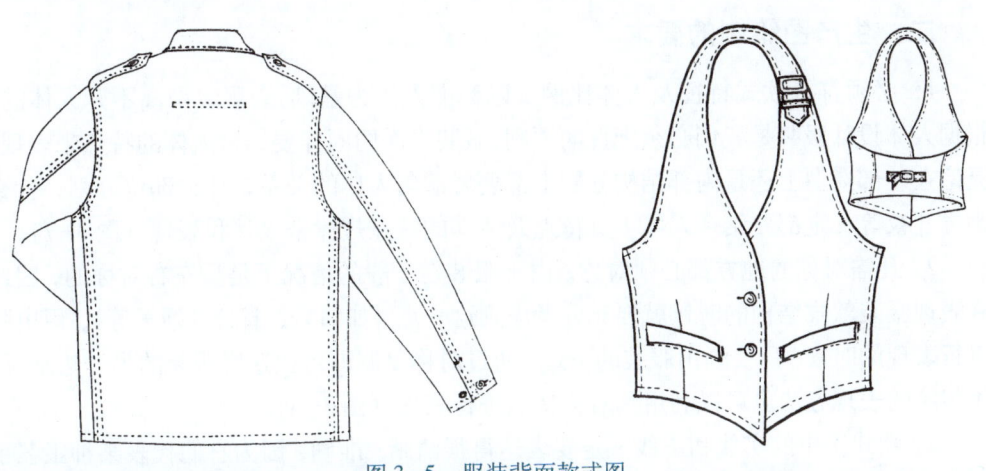

图 3-5 服装背面款式图

（3）服装局部款式图：主要表现服装细节的款式、位置、方法、手段的图样。局部表示法是对款式平面图细节放大的一种表示方法，省道的详细表现、缉明线的部位等，服装上所有的细节、局部都可以采用这种方法表现（图 3-6）。

第一节 款式图的功能与要求

局部款式图所绘制出的服装款式的局部效果,非常符合工艺师、打板师的要求,工艺师、打板师可根据局部款式图将设计师的设计意图完整地表达出来。

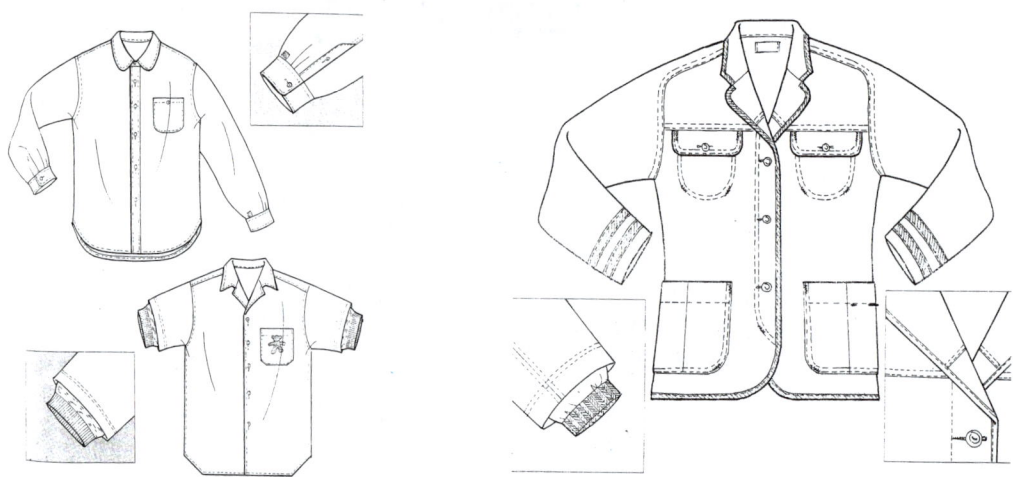

图 3-6 服装局部款式图

(三)生产图的功能

(1)对服装企业而言——可以指导生产技术,保证质量,确保生产顺利正常地运转。

(2)对设计师而言——是创意的具体体现,是把想法变成现实的过程,同时可以提高生产效率。

(3)对客户而言——可以使产品符合自己的意愿(由于它能准确、清晰地反映款式图的特征,所以可选出自己满意的产品)。

二、生产图绘制的要求

1. 必须符合款式特征及人体比例(以标准人体为基础)。服装是离不开人体的,根据人体设计服装是我们必须把握的原则,服装平面图同样要结合人体的特点来表现,无论在外部造型上还是内部结构分割上都要考虑与人体的关系,什么部位分割,什么地方开衩等一定都要结合人体本身特点及活动的特点规律来设计和表现(图3-7)。

2. 凡需对称的地方都必须对称。由于服装在一般的情况下是呈左右对称的,因此在表现服装款式结构的时候就要充分考虑到这一点(如口袋、省位、领子等)。用电脑进行表现的时候,只要画出服装的一边,通过对称复制即可快速将服装的另一边画好,用传统的表现方法也可以利用其对称特点进行表现(图3-8)。

3. 款式图中的实线和虚线一定要表达得很清晰、准确,因为它们代表某种工艺手法(如:虚线在生产工艺中表示缝缉线,实线表示裁剪分割线)(图3-9)。

4. 款式图绘制时可借助辅助工具进行精细的绘制(如短尺、曲线板等)。

5. 要有必要的文字说明(如:装饰、款式说明、款号、型号、面辅料、日期、单位、制单人、特殊工艺说明等)(图3-10)。

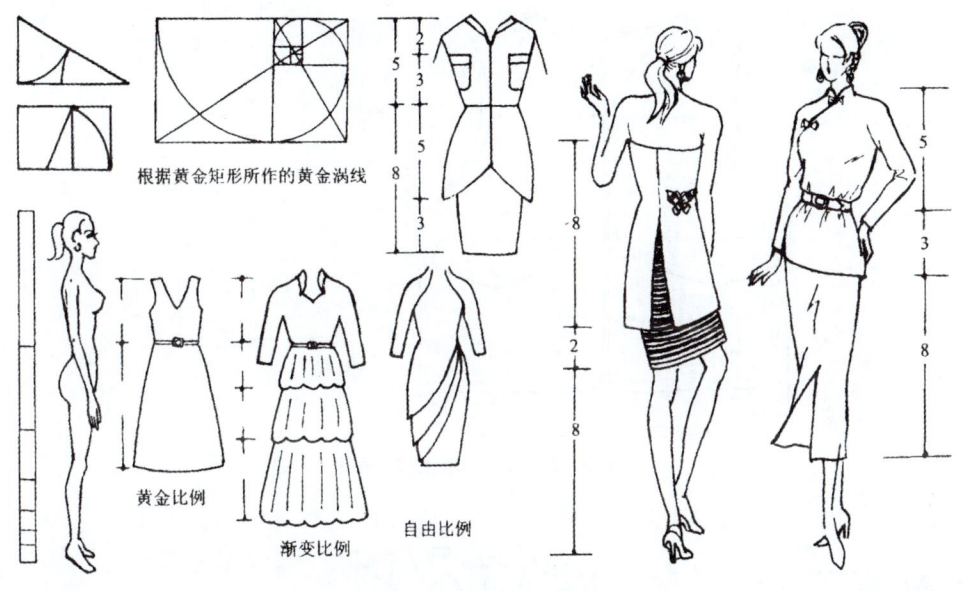

图 3-7 结合人体特点

图 3-8 服装的对称性

第一节 款式图的功能与要求

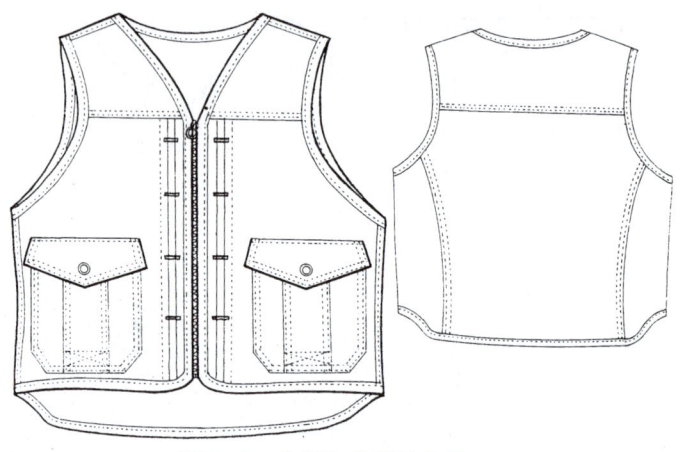

图 3-9 实线和虚线的应用

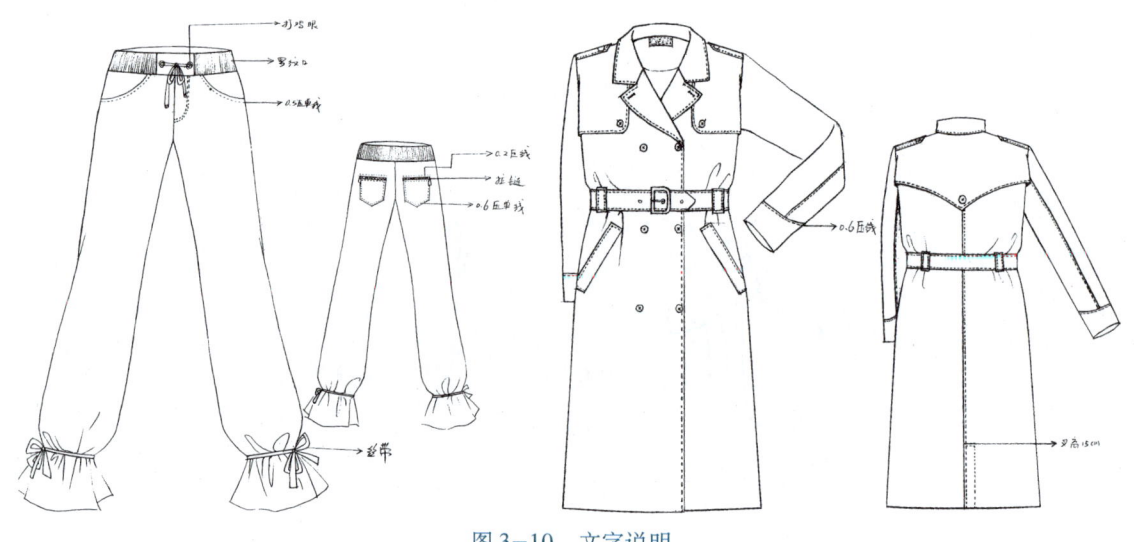

图 3-10 文字说明

第二节 款式图的整体表现

一、对称法

对称法是根据服装左右衣片及各细节对称（左右对称、上下对称、前后对称、中心对称）的特点而采用的一种款式图表现方法，它对于初学者来说是一种非常快捷方便的方法，利用对称法绘制款式图有两种形式。

（一）手绘方法

主要借助尺、拷贝纸或网格纸绘制图形，具体步骤如下：

1. 根据服装的比例画出衣服一边，可以借助直尺等工具来画线条。

2．以领中为起点作一垂直线，确定为衣服的对称轴，然后用直尺定关键点。

3．连接关键点，即可画出衣服的另一片，也可以把前面画出的衣服用拷贝纸拷下来，然后将拷贝纸反过来，以领中线为对称轴画出另一边（图3–11）。

图3–11　手绘对称法

（二）电脑方法

目前用电脑绘制服装平面图的绘图软件有：CorelDraw、Photoshop、Painter等。服装企业用得较多的是CorelDraw，利用CorelDraw软件画服装平面图非常方便，只要画出衣服的一边，利用对称复制就可以非常快捷地画好衣服的另一边，完成整个图的绘制（图3–12至图3–14）。

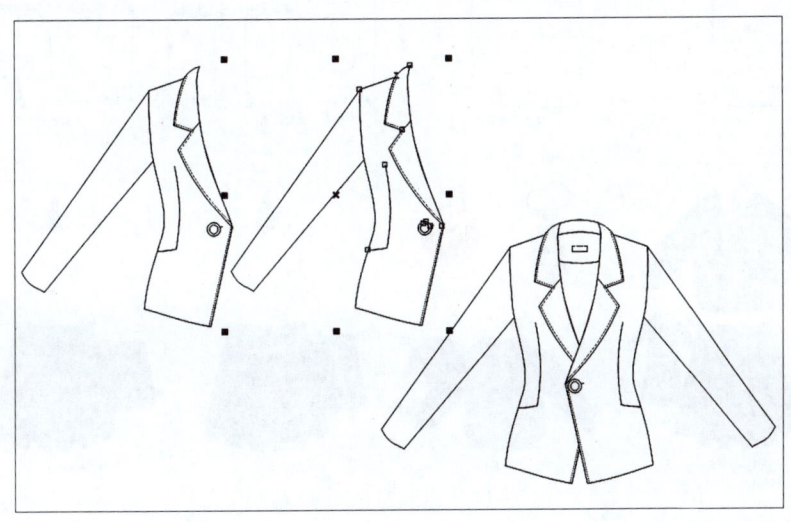

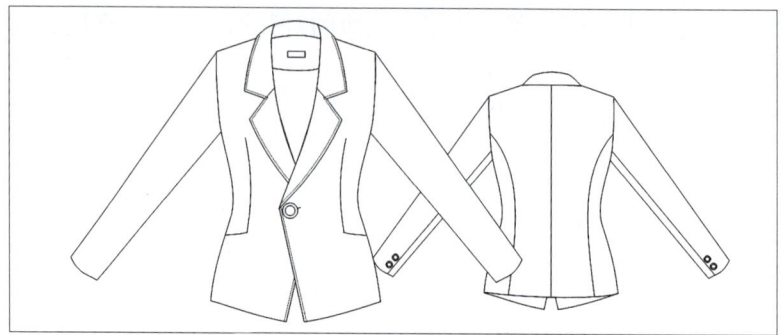

图 3-12　电脑对称画法（一）

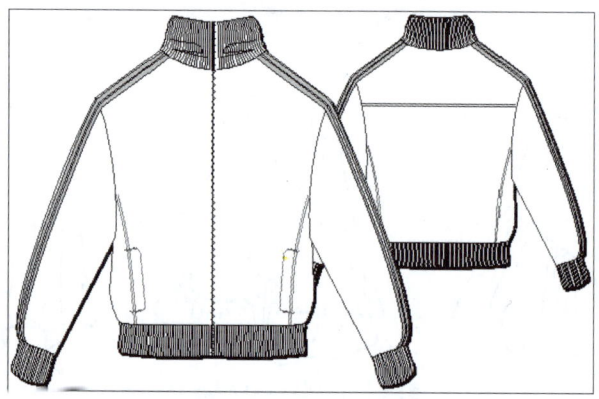

图 3-13　电脑对称画法（二）

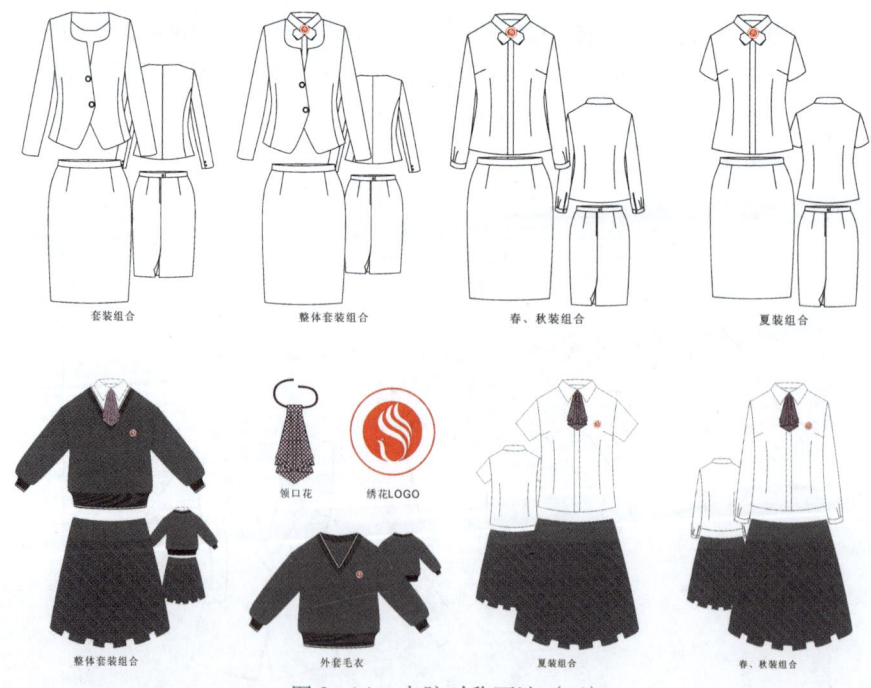

图 3-14　电脑对称画法（三）

二、体形表现法

绘制款式平面图采用体形表现法是为了使服装的尺寸和款式更合身,视觉上更直观。但是用体形表现法所绘制的款式平面图是平面图而不是人体着装图,所以绘制的平面图不是穿在模特身上(不用画人物),而是相对平摊的。这种画法对人体比例、服装尺寸要求比较高。用体形表现法绘制款式平面图时,应注意服装款式的立体透视,同时注意服装款式的结构(图3-15)。

图3-15 体形表现法

三、平面展开表现法

平面展开表现法是将服装摊平后的整体外形画出来,然后再将服装的内部结构或部件画上去的一种表现方法(图3-16)。

图 3-16　平面展开表现法

四、正反展示表现法

正反展示是对款式平面结构的正反说明,可将正面的款式平面图外形翻转180度后,绘出背部款式平面图的具体内部结构,也可将局部正折、反折在同一张画面中来展示(3-17)。

图 3-17　正反展示表现法

正反展示表现法在成衣设计中运用得非常多,商业订单中款式平面图基本是用这种方法来表现的(图3-18)。

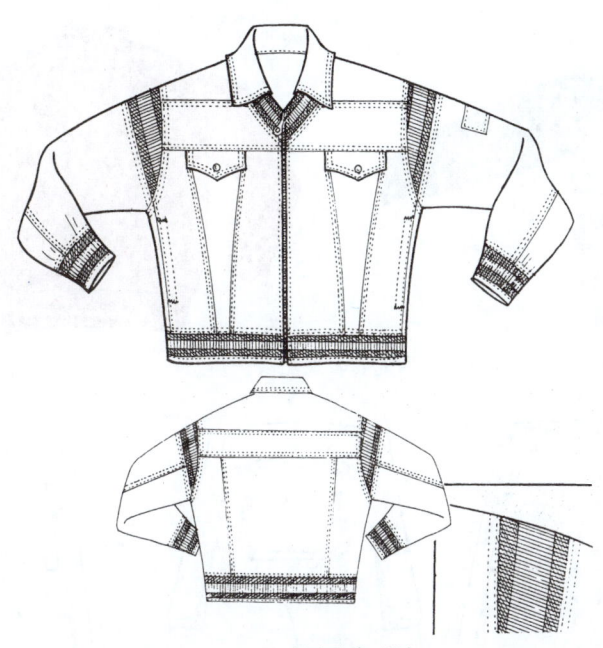

图 3-18 正反展示表现法

五、系列配套表现法

系列配套表现法主要是对款式平面图相关的配件或者烘托气氛的物品进行统一表现的方法（图 3-19 至图 3-21）。

第二节 款式图的整体表现

图 3-19　系列配套表现法（一）

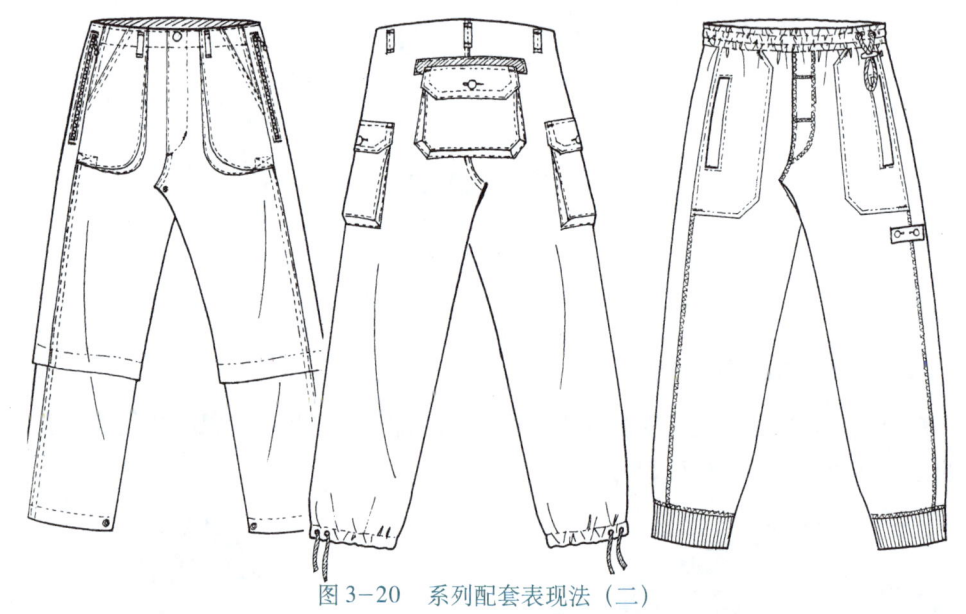

图 3-20　系列配套表现法（二）

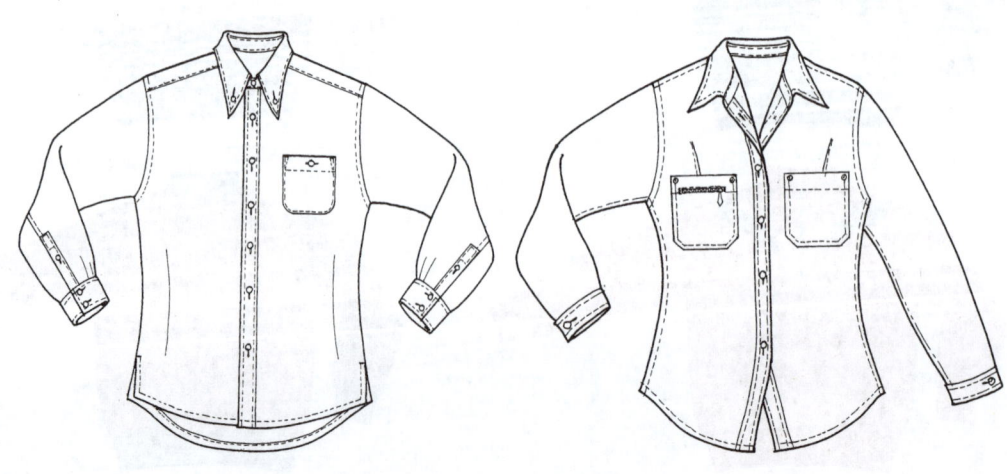

图 3-21　系列配套表现法（三）

第三节　款式图的局部剖析

服装的细节部位表现是服装平面设计表现的重点，尤其对平面款式图来说，细节的表现至关重要，它是设计师向制作人员表达服装加工方法要领的主要手段，服装细节部位主要集中在领、袖、分割线、袋、门襟以及装饰部位。

一、领的表现

领按照其结构可以分为无领、装领，装领又分为关门领和躺门领，关门领又有立领和翻领之分，认识领的造型结构对表现各种领样非常必要，因此首先要掌握各种领样的结构表现方法（图 3-22）。

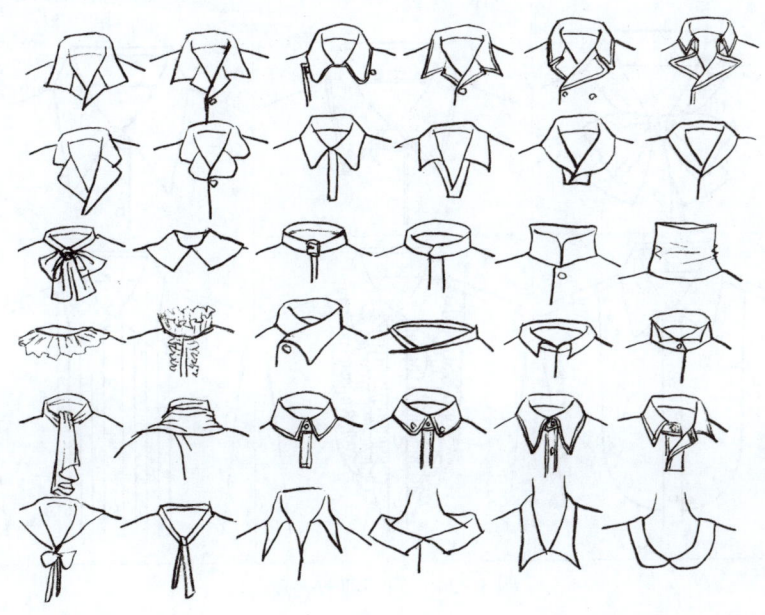

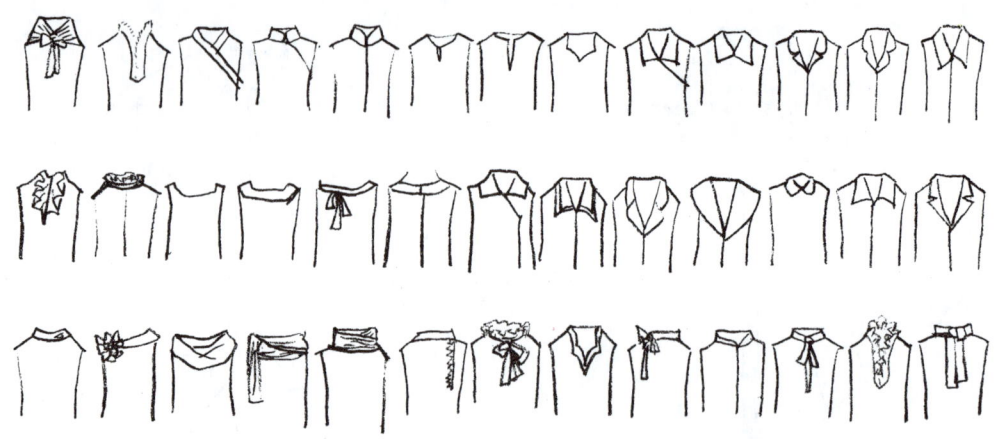

图3-22 各种领样表现

表现领部的主要细节时,把握以下几点:一要将大的形画准;二要将领部的缝线以及明线宽度画出来;三要将领部的一些部件如挂扣、纽扣、拉链、商标等表现出来,表现的时候要注意领子转折和结合处的相互关系(图3-23、图3-24)。

图3-23 领部结构表现

图3-24 领部细节表现

二、袖的细部表现

袖的细部表现主要集中在袖口的结构、工艺手段、皱褶以及开衩和钉扣等方面（图3-25、图3-26）。

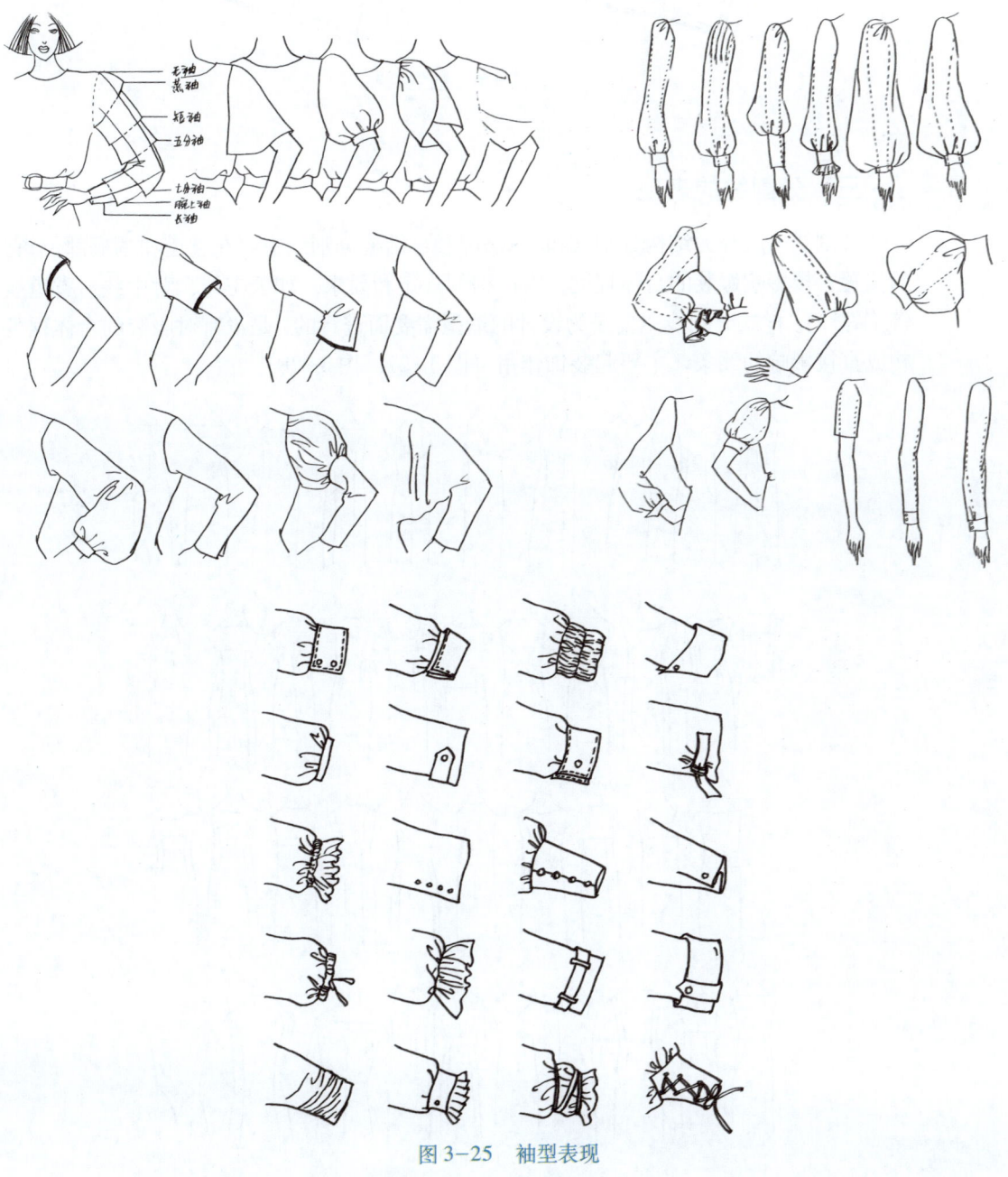

图3-25　袖型表现

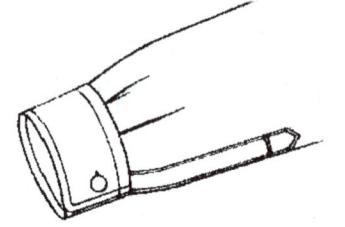
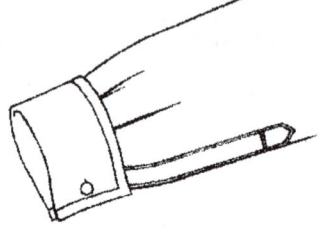

图 3-26　袖型表现

三、分割线的表现

分割线一般分为结构分割线和样式分割线，结构分割线主要在省道和褶裥部位，它的位置直接影响服装的合体程度，有严格的规定和要求，如公主线、背中线、省道线等（图13）。样式分割线主要是为设计的造型需要而进行的，是没有对服装的合体程度构成直接影响的线条，主要起装饰作用（图3-27、图3-28）。

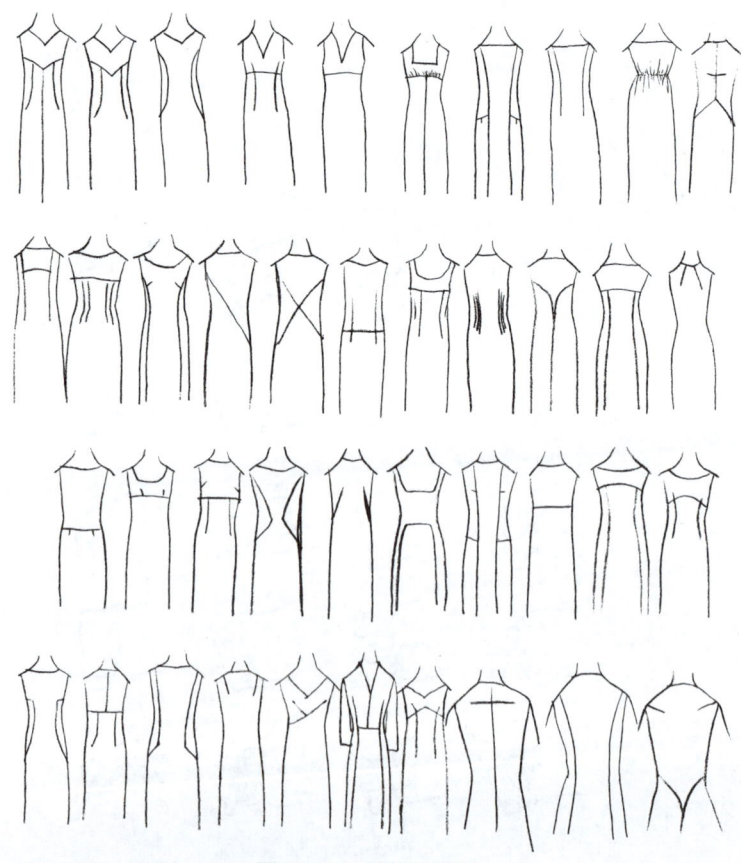

图 3-27　结构分割线

图 3-28 结构分割线与装饰分割线

四、口袋部位表现

口袋的样式一般分为贴袋、开袋、里袋，贴袋又分为平面贴袋和立体贴袋；开袋有分割线型开袋、单嵌条开袋、双嵌条开袋等。

口袋要表现的重点主要是样式造型和工艺细节，因此，口袋部位的形状、分割线条、小的配件以及缉线等成了表现的重点（图3-29、图3-30）。

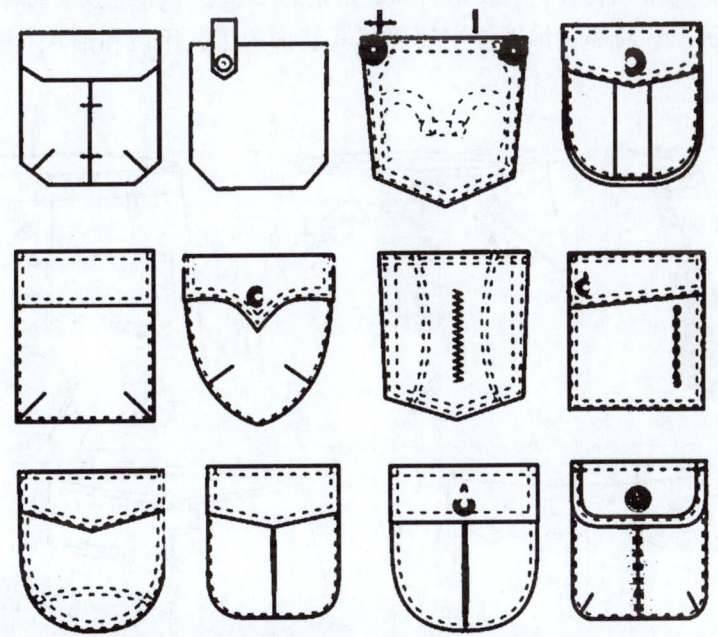

图 3-29 口袋部位表现

第三节 款式图的局部剖析

图 3-30　口袋部位表现

五、门里襟与其他装饰部位表现

门里襟也是平面图表现的重点,是设计变化较多的地方,在表现的时候首先要分清衣片的明里襟重叠顺序,一般来说,钉纽扣的衣片多为里襟,开扣眼的衣片多为门襟,另外,男性一般左边衣片多为门襟,右边多为里襟,女子与男子相反。门里襟的表现主要集中在样式、装饰特点、扣眼的形状、纽扣的形状或者拉链等的形状及扣结方法上。局部装饰部位主要表现其装饰的工艺手段和形状(图 3-31 至图 3-36)。

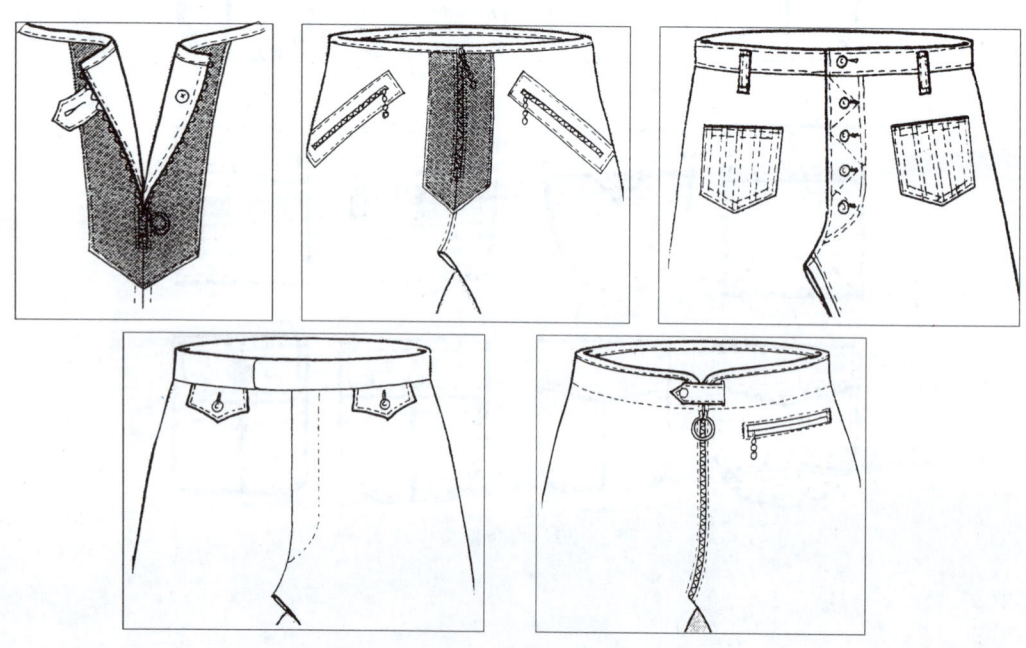

图 3-31　门襟部位表现

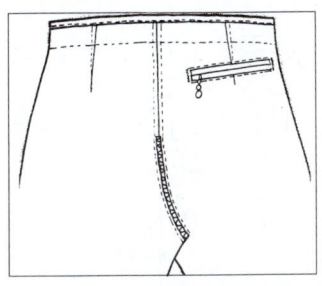 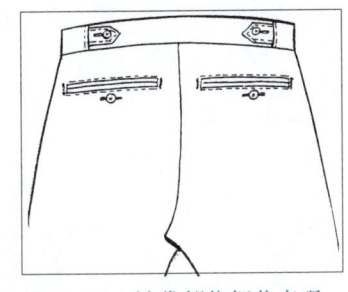 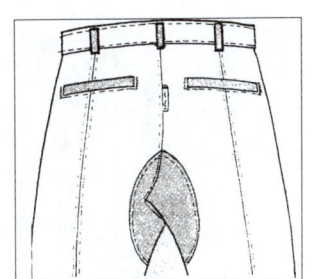

图 3-32　裤袋部位细节表现

 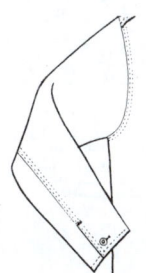

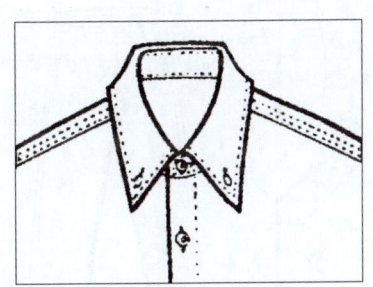 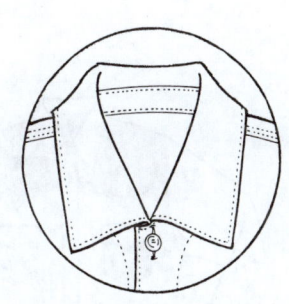

图 3-33　服装细节表现（一）

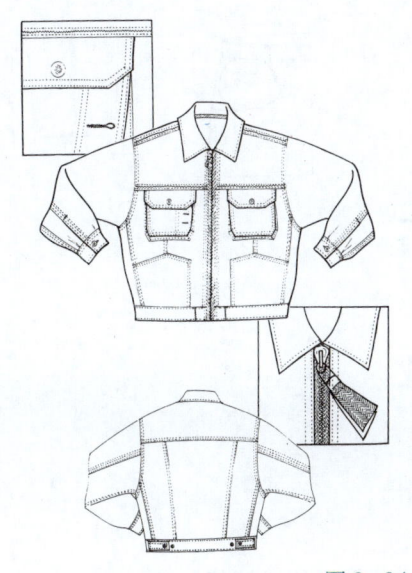 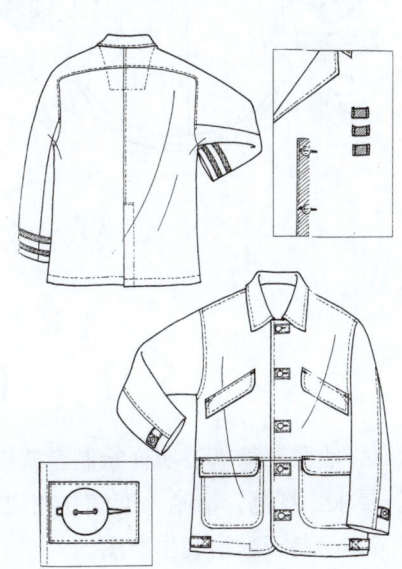

图 3-34　服装细节表现（二）

第三节　款式图的局部剖析

图 3-35 服装细节表现（三）

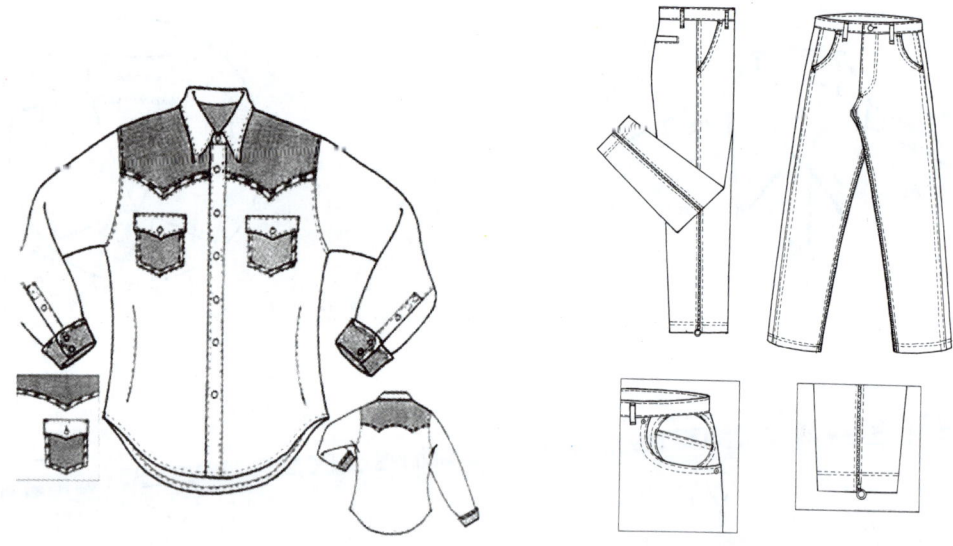

图 3-36 服装细节表现（四）

作 业

1. 收集三款裤装实样绘制款式图。

要求：规范、清晰、准确并在规定时间内画出。

2. 绘制三款裙装生产图。

要求：规范、清晰，并在规定的时间画出（A4纸，线条流畅）。

3．画服装生产图 3 款。

要求：线条流畅、圆顺，比例正确，附工艺说明（图 3-37）。

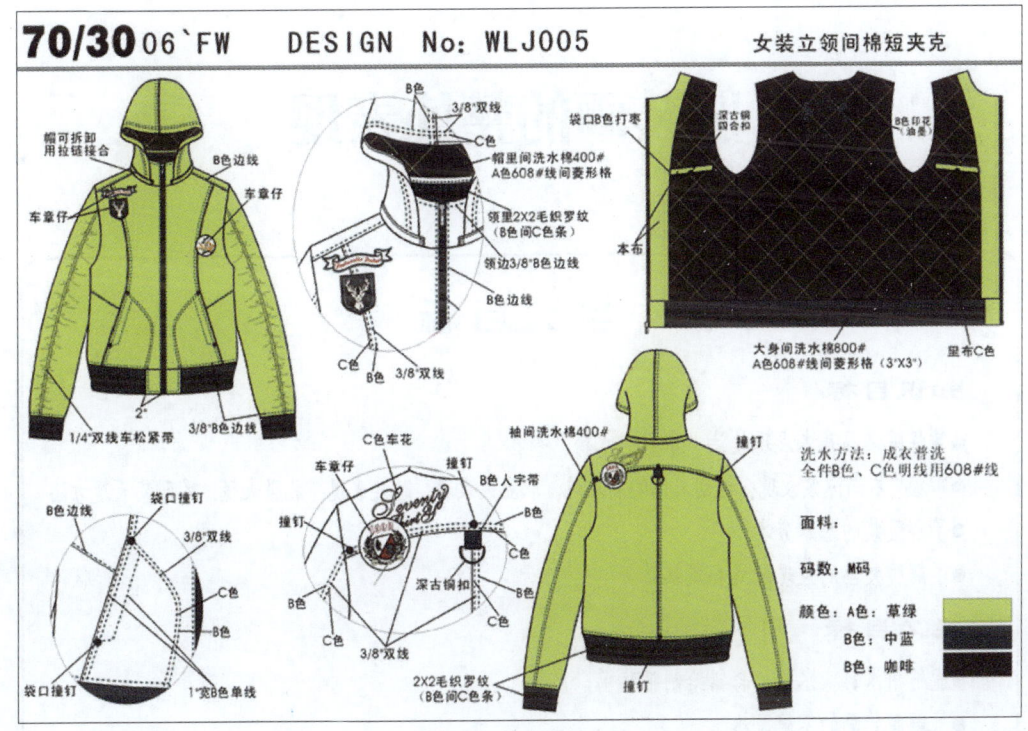

图 3-37　图例

4．休闲男装，女装各一款。

要求：款式设计符合要求（A4 纸，正、背面和局部图）。

第四章

服装画的整体表现

学习目标

知识目标

- 掌握服装画基本表现技法：水彩、水粉、彩铅
- 掌握内衣与泳装表现、运动与休闲装表现、职业装表现、时装表现、礼服表现、系列装表现方法
- 了解服装的基本分类
- 了解服装画的表现形式和风格

能力目标

- 能够用水彩、水粉、彩铅绘制服装画
- 了解服装画的不同风格
- 能够在绘制服装效果图工作中熟练运用服装画的各种技法。

开章语

服装画表现手法很多，有待进一步研究开发，而且可以借用姊妹艺术的某些技法和材料。如中国画中线的运用，工笔渲染方法的表现；版画中刻刀表现方法的借鉴；油画技法对写实、细腻服装的表现，以及水粉、水彩、素描等表现技法都可以借鉴。

想要画好一幅服装画，首先应该练好扎实的基本功。基本功包括两层含义，一是技巧，一是表现。所谓技巧是指人体比例、动态、形体、色彩、工具、材料等基本技能的训练学习；表现是指在掌握技巧的基础上对画面的表现方法、形式语言、构图、人物组织的研究。

学习服装画是一个循序渐进熟能生巧的过程，只有达到一定的量才能由量变发生到质变。初学者不能求之过急。最简单有效的途径是从临摹入手，在大量临摹写生过程中，掌握并理解人体的变化规律，哪些是可变的，哪些是不变的。

通过以上艰苦训练后，相信我们在服装画技法上会有一个较大的进步，如果再融入其他表现方法，如夸张、变形、简化等，时间久了就会自然形成自己的风格。变形、

夸张是服装画的重要表现手段,没有变形、夸张,就没有个性存在,更谈不上风格。服装画的魅力在于形象特征、神态比例等更突出,形象更鲜明,更富于装饰效果。本章中我们主要以水彩来讲解不同风格的服装效果图的表现和相应的款式图的表现,目的是让学生了解实践工作中效果图的表现形式。

第一节　运动与休闲装表现

一、休闲装

休闲装指由裤子、衬衫和运动夹克衫（Sport Jackets）配套所穿的非正式的着装形式。这是美国最具权威的时装字典《Fairchild's Dictionary of Fashion》对休闲装（Casual Wear）一词的解释。由此可见,"休闲装"这一概念最早并非专指休闲时穿的服装,其主要是指与传统的素色的男西服和女套装在色彩、款式、上下配套等方面有所区别的服装。现在休闲装已被广泛地理解为随意、非正式的服装。

男性的休闲装开始于20世纪30年代中期,20世纪50年代,随着百慕大短裤（西装短裤）被普遍接受而加速了非正式着装的流行。尤其在20世纪60年代,受年轻一代追求时尚的影响,休闲装在更大范围内普及开来。

休闲装包括夹克衫、猎装、牛仔裤、衬衫、T恤衫或各种运动衣等。本节以女休闲服为例讲解休闲装的表现技法:在着装上以自由、任意、流畅的服装线条为主,上下装可以配套,也可以不配套,面料可以是两种或是两种以上相同或对比的色彩和图案组合在一起。在上下装的搭配上给予更多的自由。

水彩休闲装表现步骤图（图4-1、图4-2）:

图4-1　水彩休闲装表现步骤

图4-2 完成图

水粉运动休闲装表现步骤图（图4-3）

图4-3 水粉运动休闲装表现步骤

二、运动装

运动服是从事各种体育活动时所穿的服装的总称，包括网球服、登山服、溜冰服、武术服等种类。

如滑雪服的用料必须是保暖、坚固的。下面以滑雪服为例讲解运动装的表现技法（图4-4）。

1．选择适合的动势，有强烈运动感，这样能够更好地体现运动装的特点。

2．选择服装的色彩，这款滑雪服选择有彩色绿色与无彩色黑色进行色彩搭配，这样使绿色更鲜艳使灰色更灰，更加突出各自的特点，选择这种色彩搭配是为了强调运动装的特点。在着色时由于上衣是光感面料所以要大面积留白，增加服装面料的质感；帽子的花纹选择绿色的对比色红色，对花纹着色主要采取平涂手法；运动裤采取晕染的效果，体现棉弹面料的质感；选择赭石微加朱红作为皮肤色。

3．加重所有色彩，要注意黑色螺纹口处加重的部位。

4．勾线整理，进一步使效果图达到理想状态，可以直接用黑色。

第一节　运动与休闲装表现

图4-4 运动装表现步骤

第二节 职业装表现

职业服是各种工作服的总称,职业服从功能上分为两大类:即统一制服和劳动工作保护服。第一类是以识别职业特点、创造企业形象、强化行业工作责任感,按照规范样式整体统一为特征的制服。第一类如宾馆、酒店服装,工厂、企业集团服装,科技、卫生、执法、邮电、铁道、民航部门服装,军警服、学生服等服装均属于统一制服。第二类如建筑工人的安全帽、炼钢工人的耐热服(石棉服)、电气工人的绝缘鞋、汽车装配工和车床修理工的工装裤、袖套、围裙等都属于劳动保护服。由此可见,职业服的独特性是其他类型的服装无法代替的。

本节以星级酒店宾馆前台经理服装为例讲解职业装的表现技法(图4-5)。

步骤一:选择一个适合穿着职业装的简单大方的人体动势,再为其穿着一款精练、简洁的职业装。

步骤二:选择黑色做为职业装的主要色彩,更能体现职业装的严肃感,在用黑色平涂时,切记第一遍着色要用淡色,多加水少用颜料,淡淡地着一层色彩,在褶皱突起的位置留白。

图4-5 职业装表现步骤

步骤三:用黑色加重服装一侧色调,白色衬衣用浅蓝黑色勾边,面积不要过大,还要保持服装的原有白色,即完成职业装的绘制。

第三节 时装表现

时装是流行一时的服装，具有鲜明的时代感，也是时髦的服装。它的突出特点是新字，即新的款式、新的色彩搭配、新的材料组合，从而反映出新的时代精神。一种时装的价值取决于时间性，处于流行浪潮中的服装，不仅价格较高，而且常被人们视为身份、地位的象征；一旦流行的浪潮退去，滞销的时装就身价大跌，成为过时的象征。时装既是服装范畴的专有名词，也是时装设计师的精神产物，并受社会、市场大多数人审美目光的检验，如果一种新颖的服装被众多的消费者接受，销售量大，那它就是时装。相对时装而言的是日常服装，即传统的、款式变化不大的、时间性不显著的日常穿用的服装，如一般款式的男女衬衫、西服、西服裙、西裤等。

时装从应用角度上可以分为以下几类。

1. 艺术装，主要是指时装设计大赛或著名服装设计师设计的概念服装，处于时装设计的最前端，指导时尚、指导流行，是最为原创性的设计，作品具有唯一性。

2. 高级品牌时装，是艺术时装市场化的一个环节，是对艺术装所提出的时尚概念的具体诠释，往往采用艺术装或流行趋势所提出的某一时尚概念，结合自身品牌特色进行再设计，形成能够批量生产的产品。

3. 流行的日用时装，在流行趋势引领之下，会产生大量的对高级品牌时装的再模仿，其设计对象是中等或中等以下阶层的为数众多的流行潮流追随者，尽管日用时装处于时装设计的最低端，但是却由于受众数量巨大，占据了时装设计中最大的市场份额。

本节我们以流行时装为例讲解时装的表现技法（图4-6）。

图4-6 时装表现步骤

1. 选择一款当前流行的服装款式和比较有现代感的人物动势，用线描的形式表现，款式必须清晰明了。

2. 选择流行的色彩着色，主要采取平涂的手法，在选择紫色着色时尽量不要选择没有经过调和的紫色，最好在紫色里微加一点红色和黑色，这样看上去颜色比较稳。

3. 加重服装的明暗关系。

4. 勾线整理。

5. 款式图表现。

第四节 礼服表现

礼服（也称社交服）原本是参加婚礼、葬礼和祭祀等仪式时穿用的服装，现泛指在出席某些宴会、舞会、联谊会及社交活动等正式场合所穿用的服装。从礼服的形式上讲，可分为正式礼服和非正式礼服两种；从穿着时间上讲，又可分为昼礼服和夜礼服两种，根据不同的着装环境和不同的服用功能，礼服的造型特征各具风格，如甜美、圣洁的婚礼服，华丽、高雅的宴会服，新颖、别致的舞会服等。

在人们的印象中，礼服的造型具有很强的艺术情趣，绚丽多彩，面料多选用高档的丝织物，工艺制作非常精致考究，这些正是礼服的特征。随着现代服装文化和设计的深化，各种类别的服装在造型上相互交融和渗透，使得礼服的造型也日趋简洁、大方，被越来越多的女性所接受和喜爱。

一、礼服设计草图的绘制

礼服设计草图的绘制一般也是采取速写的形式表现，由于礼服一般采用比较柔软的丝绸面料，所以要求线条流畅、简洁，能够快速记忆服装的神韵和款式，因此不需要把每个细节都表达清楚，强调的是设计师对礼服设计产生的灵感。可以是有色彩的，也可以是无色彩的（图4-7至图4-9）。

图4-7 礼服设计（一）

图4-8 礼服设计（二）

图4-9 礼服设计（三）

二、礼服设计效果图的绘制

（一）礼服面料特点分析

丝绸面料经常作为礼服面料应用在服装中，因为它具有手感柔软、轻薄，色泽鲜艳稳重，图案精细的特点。丝绸面料的品种多种多样，所呈现的外观效果也不尽相同，但总体而言它的光泽好，悬垂性强。

1. 表现具有飘逸感的丝绸面料。在描绘丝绸面料时，要求勾画线条细而光滑、流畅，强调面料轻薄、飘逸的特点，可将这类丝绸面料的服装画成处于飘动状态，从而加强面料的轻盈感。丝绸服装穿在人体上，往往一边紧贴人体，另一边则展开或下垂（图4-10）。

2. 表现具有良好光泽感的绸缎面料。丝绸织物是由蚕丝织成，具有对光线的反射功能，因此具有柔和的光泽，但这种光泽感明显区别于皮革和金属等。表现丝绸的质感，从表现其柔和的光泽入手是十分必要的。注意在描绘其光泽时，不要把明暗反差画得太大，闪光部分避免画得生硬。要在第一遍色半干时画

图4-10 飘逸感丝绸面料礼服

上阴影部分，使其能够自然渗透产生柔和的效果。

3．表现具有透明感的丝绸面料。要抓住这类丝织物薄而透明的特点加以表现，用水彩的表现技法易于取得事半功倍的效果。要注意描绘出单层、双层及多层面料重叠后出现的透明感。在透明部位，可先用肉色将皮肤色画出，待完全干后，再用透明色画出丝绸面料（图4–11）。

（二）礼服效果图绘制步骤

我们以晚礼服为例讲解丝绸面料礼服的表现（图4–12）：

1．礼服效果图的人体一般选择动势比较优美、古典的，又或者选择走动的动势来表现，线条要求流畅有粗细变化，以体现礼服的优雅。

2．礼服服装效果图要注意表现面料柔软及飘逸的特点。

3．礼服效果图着色时一般采取淡彩法，这里我们选择大花桑蚕丝面料来表现。

图4–11　透明感丝绸面料礼服

第四节　礼服表现

图4-12 晚礼服效果图表现步骤

(1) 着肤色：着肤色时要注意和礼服的质感、色彩相统一，选择比较柔和的色调，这里选择赭石色加大红色来表现肤色。

(2) 着礼服色：由于选择的礼服是大花面料，自然就会涉及图案和底色的问题，一般我们都会选择先着图案色再着图案底色的着色方法，无论是先着图案色还是先着底色都采取平涂的形式。

(3) 加重效果图的色彩：加重效果图的色彩的主要目的是让效果图更加有层次感，强调服装效果图的立体效果，在选择加重色彩时，肤色选择原肤色再多加赭石色或熟褐色来加重，礼服色用服装色彩加黑色或其他不改变服装色相的色彩来加重。

4. 整理礼服整体的表现效果。这是礼服表现技法的最后阶段，主要以勾线为主，一般我们都采取粗细线变化的勾线形式，目的是为了突出礼服面料的特点，再有就是完整地表达礼服的所有设计内容：礼服的工艺说明、面料小样、平面款式图，礼服的工艺说明要详细（图4-13）。

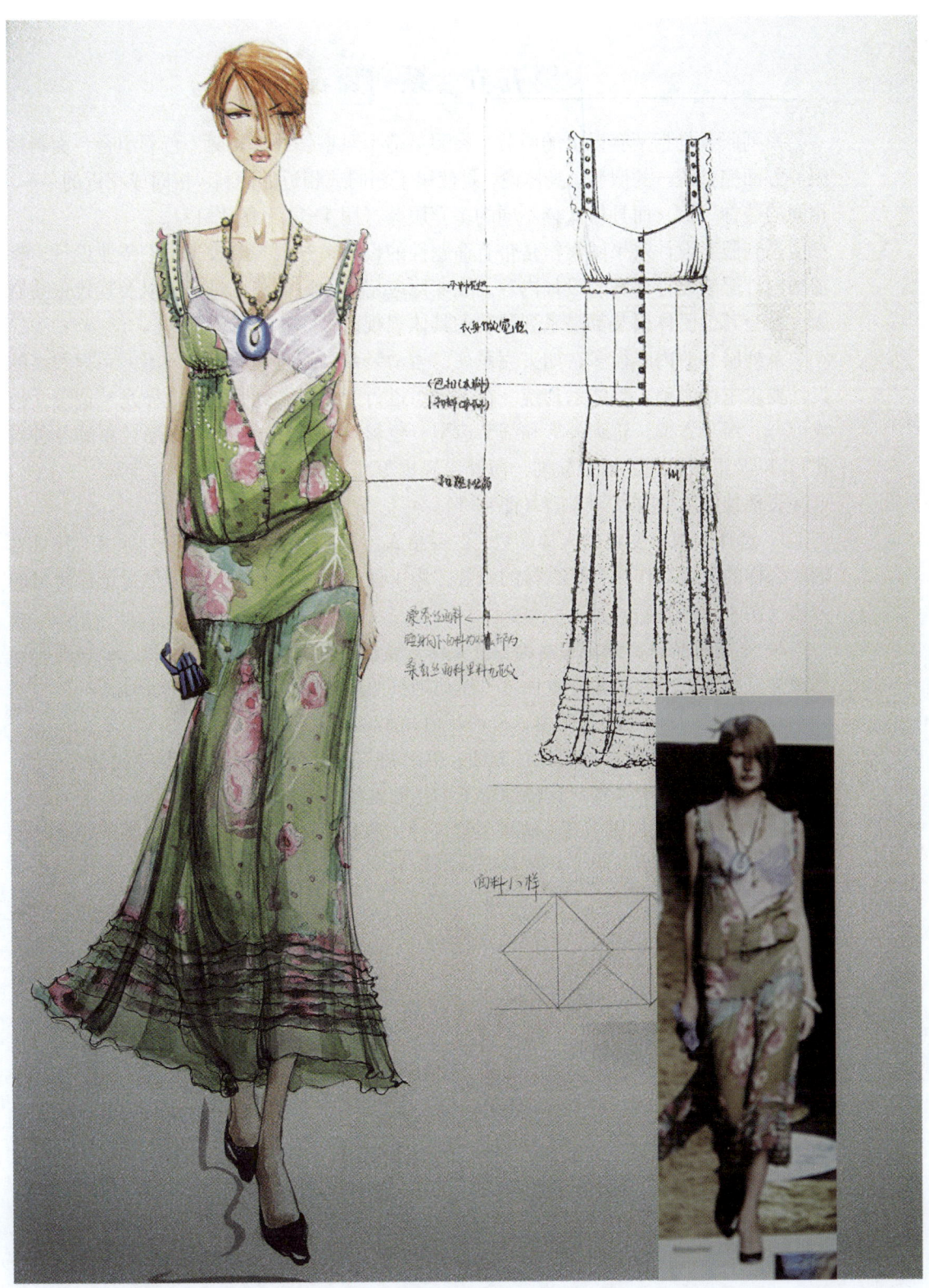

图4-13 完成图

第四节 礼服表现

第五节 系列装表现

　　系列服装是指两套以上的服装，在服装造型风格、外形轮廓、色彩组合、面料搭配等方面完整统一的服装。具体说，是使用了相同或相近的面料、相同或相近的色彩、相同的装饰风格，而具体式样不同的多套服装（图4-14至图4-17）。

　　系列服装设计效果图常常是带有命题性的设计，是服装院校学生们毕业设计、参加国内外服装设计比赛的设计内容。在实际应用中，情侣装、母子装以及现代企业制服、社会其他团体服装都是系列服装的具体表现。

　　系列服装的内容很多，如夹克系列、运动装系列、时装套裙系列等。系列服装的设计要求主题明确，整体系列统一在主题下进行变化。系列服装的规律是从造型、构成形态、组合方式、轮廓外形和细节造型、色彩（包括有彩色系和无彩色系的各种对比），以及组织肌理，质地软硬、薄厚、轻重等几方面着手表现的。

　　表现技法主要有以下步骤（图4-14）：

　　1．选择一组有变化的人体动势，然后给人体依次穿上设计好的系列服装，并且考虑什么样的表情动作适合什么样的服装。为了使画面保持干净、清洁尽量选择拷贝的方法（图4-15）。

　　2．平涂皮肤色、五官的基础色（眼珠、瞳孔、嘴唇）及头发的颜色，必须在心中已经确立服装色彩的前提下着色，可以适当按照图示部分留白（图4-16）。

　　3．着服装及饰物的基础色，分清灰色和黑色的色彩层次。

　　4．加重整体的色彩，用黑色勾线，然后再根据需要加背景，背景要简洁、干脆，不要过于复杂，过于写实，这样会抢了主体的地位（图4-17）。

　　5．系列服装款式图表现，这是服装设计比赛必不可少的组成部分，要求能准确表达设计意图，款式清晰明了，注意设计的系列感（图4-18）。

图 4-14　系列装表现步骤一

图 4-15　系列装表现步骤二

图 4-16　系列装表现步骤三

图 4-17　系列装表现步骤四

图4-18 系列装款式图表现

作 业

1. 休闲装效果图三张,用8开水彩纸。
2. 职业装效果图两张,用8开水彩纸。
3. 时装效果图四张,用8开水彩纸。
4. 礼服效果图三张,用8开水彩纸。
5. 系列服装效果图一张,用A3水彩纸。

第五章

优秀作品赏析

学习目标

知识目标

- 了解不同风格的服装画表现形式
- 掌握服装画的表现技巧
- 欣赏服装画的艺术变化规律
- 能够分清服装效果图与服装画的区别

能力目标

- 能够在不同工作条件下绘制不同风格的服装效果图

开章语

服装画欣赏篇是让学习服装画技法的同学从各个角度去理解服装画的表现手法,开阔学生绘制服装效果图的眼界,启发学生的创作思维,主要强调学生的自我领会能力。本章介绍了不同风格、不同技法的服装画,其中有服装效果图、服装款式图,服装设计草图、创意服装效果图、参赛获奖效果图,本章中讲解的内容较少,主要想通过教师的引导使学生能够主动学习,掌握不同风格服装画的表现形式。

图5-1点评：以上四幅作品为学生时装设计项目作品，在服装配色、面料搭配、款式变化上追求一种系列感，保持风格的一致，但在背景处理上过于粗糙。

第五章 优秀作品赏析

图 5-2 点评：该作品构图合理，色彩搭配协调统一，款式结构表达准确，但款式图部分构图过于饱满；整体结构清晰、比例协调，完全可以指导生产。

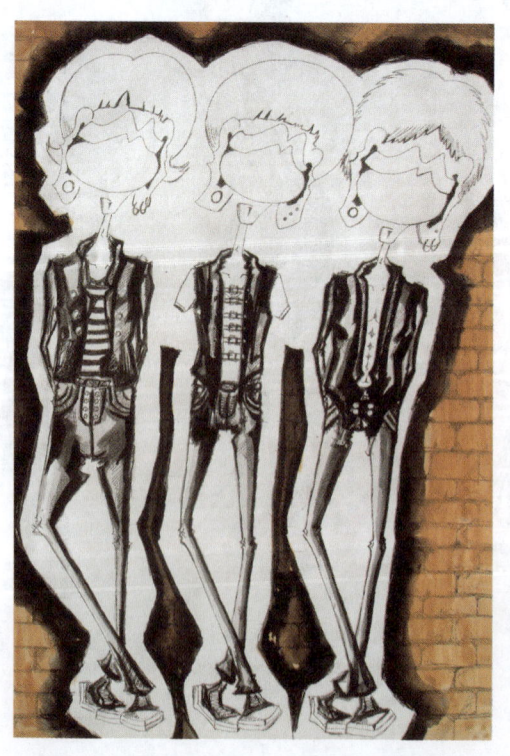

图 5-3 点评：本效果图从构图、人物表达、款式设计方面都比较有创新，也非常大胆，具有一定的时代感。

图5-4点评：本效果图色彩统一，笔法娴熟，原创性强，但是下半部分的人体处理太夸张，欠考虑。

图5-5点评：本效果图为品牌模拟训练项目作业，刻画深入、运笔流畅，背景与人物统一，设计风格把握准确，款式结构清晰，是一幅比较优秀的作品。

图5-6点评：该作品为系列装效果图，整体风格统一，色彩搭配协调，表现技法娴熟，但是背景文字处理与整体服装风格不够统一。

图5-7点评：该作品也是系列装效果图表现，表现技法娴熟，给人一种生动、活泼的感觉，同时摇滚的风格把握准确，凸显时代气息。

图5-8点评：以上两幅作品属于朋克风格，无论在色彩搭配还是在款式设计，以及在背景处理上都有一种朋克味道，作品非常大胆有创意。

第五章　优秀作品赏析

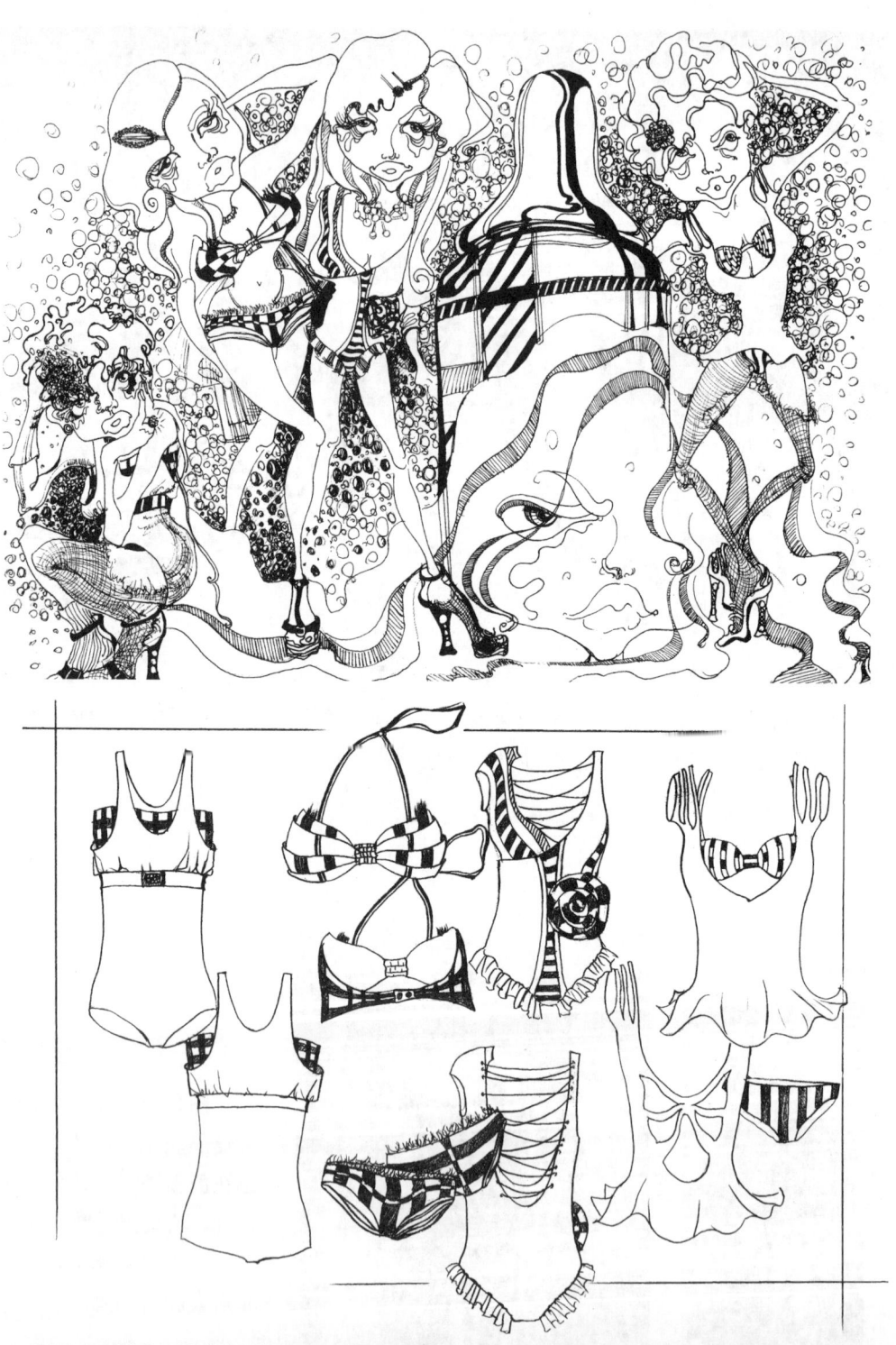

图5-9点评：该作品为内衣比赛参赛效果图，效果图在人物表现、服装款式设计上都有一定创新性，背景处理与服装整体协调统一，尤其款式部分表达准确，结构合理、比例协调。

图5-10点评：以上两幅为水彩表现技法的系列服装效果图，人物表现有个性，技法也比较熟练。

第五章　优秀作品赏析

图5-11点评：该作品为皮草与绸缎面料结合的表现，运笔流畅，人物比例准确，水彩技法熟练，但是刻画不够深入。

图5-12点评：该效果图为麦克笔的表现，其中部分结合钢笔技法，是一张即兴发挥的草图。

图5-13点评：该作品水粉水彩结合使用，整个作品呈现一种混搭风格，局部处理不细致。

图5-14点评：左侧两幅作品是以服装品牌宣传图为素材而创作的效果图，气氛渲染比较到位。

图5-15点评：该作品为水彩与水粉结合的作品，是一幅长期作业，人物表现、背景处理都非常合理，是一幅非常成熟的作品。

图5-16点评：该效果图为面料的表现，其中一幅为皮草和薄纱搭配的表现，另一幅为半透明薄纱面料的表现，比较适合初学者学习掌握。

100　第五章　优秀作品赏析

图5-17点评：该作品主要采用水粉平涂的表现技法，这种方法对于学生来说比较容易接受。

第五章 优秀作品赏析

图5-18点评：本效果图为彩铅技法的表现，该作者具有一定造型能力和绘画基础，整个画面无论人物还是身边的猎犬都非常生动、形象。

图5-19点评：该幅作品为水粉技法的表现，前面人物采取厚画法，后面背景采取薄画法，同时在画面层次处理上很有趣味感，与真人照片对照，给人一种实物与画对比的感觉，同时又在动势上形成统一。

图5-20点评：以上几幅作品都是水粉技法的表现，在着色方法上采取由深入浅的表现形式，并且最后以白色水粉提亮高光，最后一幅作品在背景和前面人物处理上采取对比色搭配的方法。

参 考 文 献

〔1〕服装效果图技法. 刘元风. 武汉：湖北美术出版社，2001.
〔2〕服装画技法. 张宏. 北京：中国纺织出版社，2008.
〔3〕服装设计学. 王明. 沈阳：辽宁美术出版社，2007.
〔4〕服装设计师史. 王受之. 北京：中国青年出版社，2006.

郑 重 声 明

高等教育出版社依法对本书享有专有出版权。任何未经许可的复制、销售行为均违反《中华人民共和国著作权法》，其行为人将承担相应的民事责任和行政责任，构成犯罪的，将被依法追究刑事责任。为了维护市场秩序，保护读者的合法权益，避免读者误用盗版书造成不良后果，我社将配合行政执法部门和司法机关对违法犯罪的单位和个人给予严厉打击。社会各界人士如发现上述侵权行为，希望及时举报，本社将奖励举报有功人员。

反盗版举报电话：(010) 58581897/58581896/58581879
传　　真：(010) 82086060
E－mail：dd@hep.com.cn
通信地址：北京市西城区德外大街4号
　　　　　高等教育出版社打击盗版办公室
邮　　编：100120

购书请拨打电话：(010) 58581118